国家生态文明建设示范区
规划与实施评价

——以盘锦市双台子区为例

郑晓非　王冰　张志全 ◎ 著

U0199756

气象出版社

China Meteorological Press

内容简介

国家生态环境部鼓励和指导以市、县为重点开展的国家生态文明建设示范区创建工作，已经成为全国许多市、县全面践行"绿水青山就是金山银山"理念、积极推进绿色发展、不断提升区域生态文明建设水平的实际行动。本书以辽宁省盘锦市双台子区创建"国家生态文明建设示范区"的全过程为例，介绍了国家生态文明建设示范区的规划编制、创建与实施评价的意义和操作要点，汇集了双台子区创建国家生态文明建设示范区工作中的创建规划、技术报告及规划实施评估报告，以及青山沟村"绿水青山就是金山银山"实践创新基地建设实施方案。本书可供参加国家生态文明建设示范区创建工作的管理人员和研究人员借鉴参考。

图书在版编目（ＣＩＰ）数据

国家生态文明建设示范区规划与实施评价 ： 以盘锦市双台子区为例 / 郑晓非，王冰，张志全著. -- 北京 ： 气象出版社，2021.9
ISBN 978-7-5029-7556-2

Ⅰ．①国… Ⅱ．①郑… ②王… ③张… Ⅲ．①生态环境建设－研究－中国 Ⅳ．①X321.2

中国版本图书馆CIP数据核字(2021)第191737号

国家生态文明建设示范区规划与实施评价——以盘锦市双台子区为例
Guojia Shengtai Wenming Jianshe Shifanqu Guihua yu Shishi Pingjia
——Yi Panjin Shi Shuangtaizi Qu Weili

出版发行：气象出版社

地　　址：北京市海淀区中关村南大街 46 号　　　　　**邮政编码**：100081

电　　话：010-68407112（总编室）　010-68408042（发行部）

网　　址：http://www.qxcbs.com　　　　　**E-mail**：qxcbs@cma.gov.cn

责任编辑：彭淑凡　　　　　　　　　　　　　　　**终　　审**：吴晓鹏

责任校对：张硕杰　　　　　　　　　　　　　　　**责任技编**：赵相宁

封面设计：艺点设计

印　　刷：北京中石油彩色印刷有限责任公司

开　　本：710 mm×1000 mm　1/16　　　　　　　**印　　张**：10.50

字　　数：230 千字

版　　次：2021 年 9 月第 1 版　　　　　　　　　　**印　　次**：2021 年 9 月第 1 次印刷

定　　价：50.00 元

前　言

党的十八大以来,以习近平同志为核心的党中央把生态文明建设纳入"五位一体"总体布局和"四个全面"战略布局,深化生态文明制度改革,坚定贯彻绿色发展理念,将生态文明建设作为中华民族永续发展的千年大计,将建设"美丽中国"纳入社会主义现代化强国建设目标,将"坚持人与自然和谐共生"作为新时代坚持和发展中国特色社会主义的基本方略之一,开创了生态环境保护新局面。

为全面落实党中央、国务院关于生态文明建设总体部署要求,深入贯彻习近平生态文明思想,2016 年原环境保护部提出国家生态文明建设示范区创建工作要求,鼓励和指导以市县为重点,以国家生态文明建设示范区为载体,全面践行"绿水青山就是金山银山""既要绿水青山,也要金山银山"理念,积极推进绿色发展,不断提升区域生态文明建设水平。到 2020 年末,生态环境部已经分四批,命名了262 个国家生态文明建设示范市县、87 个"绿水青山就是金山银山"实践创新基地。

辽宁省盘锦市双台子区委、区政府积极响应原环境保护部的号召,在辽宁省原环境保护厅的指导下,2016 年启动了国家生态文明建设示范区创建工作,并于2019 年经生态环境部核查、评审,获得"国家生态文明建设示范区"称号。本书是双台子区创建国家生态文明建设示范区规划(2016—2019 年)、创建技术报告、规划实施评估报告的集录,并概要地介绍了规划编制、创建工作情况与实施评估的工作体会。旨在通过这种方式,一是为双台子区新阶段的创建工作总结凝练经验,持续地推进全区的国家生态文明建设示范区工作深入开展;二是鉴于国家生态文明建设示范区创建工作成为全国的市县全面践行"绿水青山就是金山银山"理念、积极推进绿色发展、不断提升区域生态文明建设的行动,希望能为参加创建工作的管理人员提供借鉴。

作者从 1993 年参加原国家环境保护总局、辽宁省科学技术委员会和辽宁省环境保护局下达的"盘锦生态示范区生态示范建设研究"重点科研项目开始,投身盘锦市的生态文明建设工作,主持或参加过盘锦港建设生态影响、双台河口国家级自然保护区建设、盘锦市水利设施生态影响和宽甸满族自治县青山沟村"绿水青山就是金山银山"实践创新基地建设实施方案(2021—2023 年)等专题研究,尤其是主持完成双台子区创建国家生态文明建设示范区规划、创建、实施评估报告工作,深深地感到双台子区在生态文明建设方面做了大量有意义且卓有成效的工作。

我们相信,未来在双台子区委和区政府的领导下,作为辽宁省的示范样板,双台子区的生态文明建设通过持续的顶端设计、精准部署,必将不断地走向深入,必将实现生态制度完善、生态安全保障、生态空间协调、生态经济发达、生态生活宜人、生态文化繁荣的美丽盘锦的人与自然和谐的现代生态滨河新城区的目标。

著者

2021 年 4 月

目　录

第一部分
国家生态文明建设示范区规划的编制

为了贯彻落实党中央、国务院关于加快推进生态文明建设的决策部署,全面树立"绿水青山就是金山银山"理念,积极推进绿色发展,不断提升区域生态文明建设水平,原环境保护部于2016年开展国家生态文明建设示范区创建工作,鼓励和指导以市(县)为重点,以国家生态文明建设示范区为载体,践行"绿水青山就是金山银山""既要绿水青山,也要金山银山"理念,积极推进绿色发展,不断提升区域生态文明建设水平。当年,盘锦市双台子区委、区政府积极响应原环境保护部的号召,在辽宁省原环境保护厅、盘锦市环境保护局的指导下,编制了《双台子区生态文明建设示范区建设规划(2016—2018年)》,并通过辽宁省环境保护厅组织的专家组论证,经区人大常委会审议批准,由区政府组织实施。2019年,对照生态环境部《国家生态文明建设示范市县建设指标》《国家生态文明建设示范市县管理规程》要求,为适应创建工作持续深入开展的需要,修编为《双台子区生态文明建设示范区规划(2016—2019年)》。

规划作为纲领性文件,确定的全区生态文明建设示范区规划目标、重点工程任务,是实施执行、督查检查、考核验收等工作的管理依据,也是全区创建工作落实与执行的抓手,地位重要,意义重大。

双台子区生态文明建设示范区规划编制,参考国家生态环境部为开展创建的地区制定的《国家生态文明建设示范区规划编制指南(试行)》《国家生态文明建设示范市县管理规程》,对标《国家生态文明建设示范市县建设指标》,首先在明确规划指导思想、基本原则的基础上,融合盘锦市委六届十一次全会、双台子区委七届十一次全会提出的生态文明建设要求,衔接全区社会经济发展多项规划,依照国家相关法律法规、地方性政策和文件要求,设定规划目标。

其次,全面分析全区生态环境条件现状,把握双台子区地处辽河平原下游、近渤海辽东湾、自然生态环境优越、沉积退海平原为主的地形,地势平坦、海拔较低,季风气候、四季分明,水系众多、双河环抱,生态环境质量提升等基础条件;剖析自然生态环境相关考核指标的可达性,辨识影响达标的问题。

第三,规划编制过程中按照双台子区委、区政府的要求和安排,区创建工作领导小组遵循新的创建规程,以新的创建指标为导向,通过全面分析双台子区作为盘锦城市建设的起源地,社会经济较为发达,既是盘锦市的中部主城区,也是城乡融合的老城区,依托广袤肥沃的土地、丰富的石油和天然气资源,成为中国重要的石油化工基地,优质水稻商品粮产区,全市的产业发展核心区域,辽宁沿海经济带的重要节点的区域发展特征,创新增加了区域特色的6项考核指标,以提升农业地区的生态环境质量、公共生活服务设施。

最后,规划立足双台子区的实际,考虑到评估指标考核可达性,衔接前期创建工作情况的连续性,从顶层设计、精准部署工作要求,提出了新的创建工作目标、重点工程任务,并落实了责任单位,明确了时间表,提出了保障措施等。规划以内容丰富、针对性强,力度最大、措施最实,推进最快、成效最好的实践行动,积极推进生态文明建设。

规划充分阐明了双台子区委、区政府将生态文明建设作为治国理政的新理念、新思想,要求全区各级政府和职能部门必须扛起生态文明建设的政治责任,坚决把思想和行动统一到国家生态文明建设示范区创建工作的决策部署上来的坚定意志和决心。规划内容完整地体现了全区切实地从社会经济发展全局的战略高度,开展生态文明建设的统筹安排。主要体现在以下五个方面。

1. 目标突出,时间节点明确。"2019年度,双台子区国家生态文明建设示范区创建工作全面通过国家、省考核验收,力争获得国家生态文明建设示范区荣誉称号"。

2. 强化指标对照,保障考核达标。按照生态制度、生态安全、生态空间、生态经济、生态生活、生态文化六大领域的34项指标,全面梳理考核达标可行性,针对重点问题、特殊难题,高度重视解决方案,落实考核要求。

3. 增加6项自考指标,突出创建特色。从区属的农业乡镇生态文明建设的实际情况,规划创新地增加了"生态生活领域——人居环境改善"6项特色指标,即基础设施方面的农村交通覆盖率、村屯入户桥覆盖率、村屯氧化塘覆盖率,生活服务设施方面的农村医疗卫生室覆盖率、农村标准化澡堂覆盖率、农村标准化超市覆盖率,全面深入地推进生态文明建设示范区创建工作。

4. 重点工程任务具体,可操作性强。根据对全区生态文明建设指标可达性与考核差距分析,以问题为导向,包括考虑前期规划需要继续实施的重点工程,依托双台子区本级、乡镇的多项社会发展规划、专项规划,有针对性地提出生态建设工程任务。主要内容是加大生态用地的投入,采取生物修复措施或进行综合利用;严格保护自然景观和湿地等基础性生态用地,维护生物多样性;在保护和改善生态功能的前提下,严格依据规划统筹安排滩涂等土地的开发。共拟定生态环境建设重点工程15项,包括前期规划提出的重点工程需要继续实施的和本次规划新增的,总投资3210万元。

5. 投资方案落实,保障措施有力。在多渠道筹措资金的基础上,创建专项资金。区级财政部门设立生态文明建设示范区创建专项资金,并将创建专项资金列入本级财政预算,力争保证生态环保投资占GDP比重达到3.5%。在明确责任主体、拓宽融资渠道、强化科技支撑、加大执法力度、鼓励公众参与的基础上,制定了组织、行政、经济、法律等手段的有力保障措施。

国家生态文明建设示范区是深入贯彻习近平生态文明思想,以全面构建生态文明建设体系为重点,统筹推进"五位一体"总体布局,落实"创新、协调、绿色、开放、共享"五大发展理念的示范样板。创建规划编制是一项任务重、难度大的基础性工作,尚需在实践中不断探索、不断完善。

附： 双台子区国家生态文明建设示范区规划(2016—2019 年)

引 言

党的十八大以来，以习近平同志为核心的党中央把生态文明建设纳入"五位一体"总体布局和"四个全面"战略布局，深化生态文明制度改革，坚定贯彻绿色发展理念，将生态文明建设作为中华民族永续发展的千年大计，将"美丽中国"纳入社会主义现代化强国建设目标，将"坚持人与自然和谐共生"作为新时代坚持和发展中国特色社会主义的基本方略之一，开创了生态环境保护新局面。

2016 年，盘锦市双台子区委、区政府积极响应国家原环境保护部、辽宁省原环境保护厅的号召，在"绿水青山就是金山银山""既要绿水青山，也要金山银山"科学论断的指导下，启动了国家生态文明建设示范区创建工作，编制并实施了《双台子区国家生态文明建设示范区规划(2016—2018 年)》，旨在深化全区生态文明建设的顶层设计，通过创建工作实践，成为生态文明建设的排头兵，让良好的生态环境成为经济社会持续健康发展的支撑点，成为人民幸福生活获得感的增长点，成为展现城市建设发展良好形象的闪光点。

三年来，全区生态文明建设示范区创建工作按照规划提出的目标和工作任务，从实践层面针对生态文明建设中存在的问题和不足，以内容丰富、针对性强，力度最大、措施最实，推进最快、成效最好的实践行动，积极推进生态文明建设，加快建立完善的生态文明制度体系，取得了较好的成果，得到了全区人民群众的认同和称赞。目前，双台子区创建工作鉴于生态环境部《关于印发〈国家生态文明建设示范市县建设指标〉〈国家生态文明建设示范市县管理规程〉和"绿水青山就是金山银山"实践创新基地建设管理规程(试行)〉的通知》(环生态〔2019〕76 号)文件要求，需要对已经实施的规划按照管理要求和修订的考核指标进行修编，以适应国家生态文明示范区建设工作的新要求。

规划修编工作依据《国家生态文明建设示范市县建设指标》《国家生态文明建设示范市县管理规程》和《"绿水青山就是金山银山"实践创新基地建设管理规程(试行)》，完成的《双台子区国家生态文明建设示范区规划(2016—2019 年)》(以下简称规划)提出了新的总体目标要求和创建任务，是前期规划的若干重点领域、重点工程任务的展开和深化，是全区持续开展生态文明建设示范区创建工作的纲领性文件。

第1章 总 则

1.1 指导思想

全面贯彻落实党中央、国务院关于生态文明建设总体部署要求,深入贯彻习近平总书记关于生态文明建设系列重要讲话精神,遵循"绿水青山就是金山银山""既要绿水青山,也要金山银山"的科学论断,牢固树立和贯彻落实"创新、协调、绿色、开放、共享"的发展理念。

依照《中华人民共和国环境保护法》,从落实环境保护基本国策的战略高度,以改善环境质量为核心,维护生态安全为目标,按照"山水林田湖草生命共同体"系统保护要求,牢固树立"创新、协调、绿色、开放、共享"五大发展理念,按照盘锦市委六届十一次全会和双台子区委七届十一次全会的具体要求,协调推进"四个全面"战略布局,坚持"四个着力",依靠"四个驱动",从全区生态文明建设顶层设计和具体实践的有机结合,以科学发展、和谐发展、赶超发展为导向,以转变经济增长方式、解决突出环境问题和改善生态环境质量为目标,以推动绿色发展、建设"两型社会"为工作重心,实现经济效益、社会效益、生态效益三者持续、健康、协调的发展为宗旨,把双台子区建设成为生态制度完善、生态安全保障、生态空间协调、生态经济发达、生态生活宜人、生态文化繁荣的美丽盘锦的人与自然和谐的现代生态滨河新城区。

1.2 基本原则

尊重自然,和谐发展。遵循自然规律,正确处理经济发展、社会进步与环境保护的关系,秉持以人为本、协调发展的政绩观、发展观,提高生态文明建设意识,坚定不移地把生态文明放在突出的战略位置,毫不动摇地将生态保护作为全区发展的基础。将生态文明建设贯穿于全区政治、经济、社会和文化建设的各方面和全过程,在保护中促进发展,在发展中落实保护,实现人与自然的和谐发展。

因地制宜,分类指导。正确认识全区生态文明建设的具体情况,从实际出发,发挥其资源、环境、区位优势,突出地方特色,结合周边地区的发展特征,根据资源禀赋和经济社会发展需要,突出开发建设重点和保护重点,坚持区别对待、分类指导。

立足当前,着眼长远。坚持统筹兼顾,协调近期和长远、局部与整体、少数与多数的利益,既满足当代人的发展需求,又维护后代人的发展权益;既全面统筹、积极推动全局深层次的转变,又循序渐进、集中力量优先抓好重点区域、重点领域的保护和发展。

合理开发,有效保护。正确认识保护资源环境与发展生产力的关系,按照主体功能区划科学合理地开发使用自然资源,在保持经济持续稳定增长的同时,不断增强资源环境对经济社会发展的支撑能力。从全区的整体发展和人民的根本利益出发,统筹兼顾,合理布局,妥善处理区域保护与发展的关系,促进区域协调、可持续发展。

改革创新,典型示范。根据全区发展的功能定位和方向,以改革创新为动力,充分发挥科技创新在生态文明示范区建设中的引领与支撑作用,提高科技支撑和保障能力;坚持改革创新,先行先试,建立健全促进生态文明建设的制度体系。选择重点领域和重点区域开展试点示范,探索建设生态文明示范区的有效路径。

政府引导,社会参与。充分发挥政府组织、引导、协调作用,强化以政府为主导,各部门分工协作,全区共同参与的工作机制,切实发挥组织领导、规划引领、资金引导的作用,强化企业生态意识和社会责任意识,倡导公众积极参与,引导全民共建共享,为推进生态文明建设深入、扎实、有序地向前发展提供组织保证、社会基础以及相应的措施保障。

1.3 规划宗旨

(1)贯彻习近平治国理政新理念新思想

以习近平同志为核心的党中央大力推进生态文明建设,将绿色发展确立为新发展理念的重要内容,将建设美丽中国列为实现中国梦的重要目标。中央全面深化改革领导小组(简称中央深改组)审议通过《生态文明体制改革总体方案》,并先后出台近40项改革方案,贯穿了从源头到末端全程治理生态环境的新理念,搭建起了我国生态文明制度的"四梁八柱",生态文明建设成为治国理政新理念、新思想的重要组成。

规划充分表明双台子区委、区政府适应新要求,切实从改革发展全局的战略高度理解并树立生态文明建设的坚定意志,要求全区各级政府和职能部门必须扛起生态文明建设的政治责任,维护生态环境,建设生态文明,坚决把思想和行动统一到党中央决策部署上来。

(2)强化生态文明建设重要地位

高度重视良好生态环境的经济价值和社会价值,强调经济发展与生态环境保护的内在统一,把保护生态环境、建设生态文明作为工作的重中之重。生态环境资源不仅是前人留给我们的宝贵遗产,而且是我们留给子孙后代的重要财富,切实把生态文明建设作为改革发展全局的重要任务,关键是顶层设计。

　　规划充分体现双台子区委、区政府从顶层设计全区的生态文明建设蓝图,确保生态文明建设有章可循。以实行最严格的制度,为生态文明建设提供可靠保障。要求以《中华人民共和国环境保护法》《国家生态文明建设示范市县建设指标》等法规和文件,作为生态文明建设的切实可行的抓手,作为规划目标、任务设计、实施执行、督查管理等的依据。

　　(3)坚决不能逾越生态环境底线

　　良好生态环境是最公平的公共产品,是最普惠的民生福祉。"追鹿的猎人看不到山,打鱼的渔夫看不见海"等诸多生态环境问题主要来自对资源的过度开发、粗放利用。改善生态环境,离不开全面促进资源节约集约循环利用,更需要深化供给侧结构性改革。生态环境保护能否落到实处,根本在加快转变经济发展方式。

　　规划充分表明双台子区委、区政府从全区人民对清新空气、干净水质、宜居环境、生态文化等迫切的需求,也是当今时代社情民意的"最大公约数"考虑,坚决摒弃以牺牲生态环境换取一时一地经济增长的做法,加快转变经济发展方式。要求全区严守资源消耗上限、环境质量底线、生态保护红线,把各类开发活动严格限制在资源环境承载能力之内,决不能逾越。

　　(4)全面树立保护生态环境理念

　　思想认识上的"雾霾"不破,大气雾霾就不可能根除。以往妨碍生态环境保护理念落实的症结在于把经济社会发展和生态环境保护对立起来,今天"两山"的科学论断,表明我们的发展理念和发展方式已经发生了深刻变革。

　　规划充分表明双台子区委、区政府要求全市上下解放思想,开拓创新,牢固树立"两山"绿色发展理念,处理好经济发展和生态环境保护的关系,推动形成绿色发展方式和绿色生活方式,让良好生态环境成为人民生活的福祉、成为经济社会持续健康发展的支撑点、成为展现城市良好形象的发力点。

　　(5)实施生态环境损害严肃追责

　　建设生态文明是关系人民福祉、关乎民族未来的大计,生态红线是生态保护的底线。一些地区生态破坏问题依然存在,环境污染状况没有明显改善的背后,往往都有领导干部不负责、不作为问题,都有地方环保意识不强、履职不到位、执行不严格问题,都有执法监督不到位、强制力不够问题。应该对造成生态环境损害事件严肃追责。

　　规划充分表明双台子区委、区政府贯彻《党政领导干部生态环境损害责任追究办法(试行)》要求,按照损害生态环境"终身追责"的规定,形成一种倒逼机制,这有利于紧盯生态环境重点领域、关键问题和薄弱环节,层层落实生态环境保护责任清单,以钉钉子精神下大气力解决好生态环境突出问题。

　　"生态兴则文明兴,生态衰则文明衰",绿水青山是中国梦的重要组成部分。规划提出的目标和重大工程任务,是双台子区委、区政府贯彻落实党中央关于加快推进生态文明建设的决策部署,鼓励和指导全区以创建国家生态文明建设示范区为载体,全面践行"两山"理念,推进绿色发展,不断提升生态文明建设水平的实践行动,必将开创双台子区生态文明建设的新阶段,必将取得双台子的天更蓝、山更绿、水更清,生态环境更加美丽、生态文明更加彰显的丰硕成果。

1.4　规划目标

本次规划修编要求全面贯彻党的十八大、十九大精神,以习近平总书记关于生态文明建设系列重要讲话为指导,认真落实党中央、国务院的决策部署,以生态区建设为载体,以国家生态文明建设示范区创建工作为契机,把生态文明建设融入经济建设、政治建设、文化建设、社会建设各方面和全过程。

从全区生态文明建设和创建工作实际情况出发,2019 年度双台子区国家生态文明建设示范区创建工作全面通过国家、省考核验收,力争获得国家生态文明建设示范区荣誉称号。

1.5　规划依据

1.5.1　相关法律法规

(1)《中华人民共和国环境保护法》(2014 年 4 月 24 日,全国人大常委会第八次会议修订)

(2)《中华人民共和国大气污染防治法》(2018 年 10 月 26 日,第十三届全国人大常委会修正)

(3)《中华人民共和国水污染防治法》(2017 年 6 月 27 日,第十二届全国人大常委会第二十八次会议修正)

(4)《中华人民共和国环境噪声污染防治法》(2018 年 12 月 29 日,第十三届全国人大常委会第七次会议修改)

(5)《中华人民共和国固体废物污染环境防治法》(2016 年 11 月 7 日,第十二届全国人大常委会第二十四次会议修改)

(6)《中华人民共和国野生动物保护法》(2018 年 10 月 26 日,第十三届全国人大常委会第六次会议修正)

(7)《中华人民共和国清洁生产促进法》(2012 年 2 月 29 日,第十一届全国人大常委会第二十五次会议修正)

(8)《中华人民共和国节约能源法》(2018 年 10 月 26 日,第十三届全国人大常委会第六次会议修正)

(9)《中华人民共和国循环经济促进法》(2018 年 10 月 26 日,第十三届全国人大常委会第六次会议修正)

(10)《中华人民共和国环境影响评价法》(2018 年 12 月 29 日,第十三届全国人大常委会第七次会议修正)

1.5.2　相关标准及条例、规范

(1)《环境空气质量标准》(GB 3095—2012)

(2)《地表水环境质量标准》(GB 3838—2002)

(3)《地下水质量标准》(GB/T 14848—2017)

(4)《土壤环境质量 农用地土壤污染风险管控标准(试行)》(GB 15618—2018)

(5)《土壤环境质量 建设用地土壤污染风险管控标准(试行)》(GB 36600—2018)

(6)《生活饮用水水源水质标准》(CJ 3020—93)

(7)《生活饮用水卫生标准》(GB 5749—2006)

(8)《城镇排水与污水处理条例》(国务院令第 641 号)

(9)《生活垃圾填埋污染控制标准》(GB 16889—2008)

(10)《生活垃圾焚烧污染控制标准》(GB 18485—2014)

(11)《一般工业固体废物贮存、处置场污染控制标准》(GB 18599—2001)

(12)《畜禽规模养殖污染防治条例》(国务院令第 643 号)

(13)《农村户厕卫生标准》(GB 19379—2012)

(14)《食用农产品产地环境质量评价标准》(HJ 332—2006)

(15)《温室蔬菜产地环境质量评价标准》(HJ 333—2006)

(16)《污染场地风险评估技术导则》(HJ 25.3 –2014)

(17)《绿色建筑评价标准》(GB/T 50378—2014)

(18)《绿色产品评价通则》GB/T 33761—2017)

(19)《节水型生活用水器具》(CJ/T 164—2014)

(20)《高效节能家电产品销售统计调查制度(试行)》(国家发展改革委〔2018〕5 号)

(21)《清洁生产审核办法》(国家发展改革委、环境保护部公告〔2016〕38 号)

(22)《生态环境状况评价技术规范》(HJ 192—2015)

(23)《规划环境影响评价条例》(国务院令第 559 号)

1.5.3　指导性文件

(1)《中共中央、国务院关于加快推进生态文明建设的意见》(2015 年)

(2)《生态文明体制改革总体方案》(2015 年)

(3)《国家生态文明建设示范区管理规程》(2019 年)

(4)《国家生态文明建设示范市县建设指标》(2019 年)

(5)《全国生态保护与建设规划(2013—2020 年)》(2014 年)

(6)《国家环境保护"十三五"规划基本思路》(2015 年)

(7)《大气污染防治行动计划》(2013 年)

(8)《水污染防治行动计划》(2015 年)

(9)《土壤污染防治行动计划》(2016 年)

(10)《中国生物多样性保护战略与行动计划(2011—2030 年)》(2011 年)

(11)《党政领导干部生态环境损害责任追究办法(试行)》(2015 年)

(12)《编制自然资源资产负债表试点方案》(国办发〔2015〕82 号)

(13)《国家突发环境事件应急预案》(国办函〔2014〕119 号)

(14)《中华人民共和国政府信息公开条例》(2019 年国务院令第 711 号修订)

(15)《环境信息公开办法(试行)》(2007 年国家环境保护总局令第 35 号)

(16)《企事业单位环境信息公开办法》(2014 年环境保护部令第 31 号)

(17)《国务院关于加快发展循环经济的若干意见》(国发〔2005〕22 号)

(18)《节能减排综合性工作方案》(2012 年)

(19)《国务院办公厅关于开展资源节约活动的通知》(国办发〔2004〕30 号)

(20)《节能产品政府采购实施意见》(财库〔2004〕185 号)

(21)《环境标志产品政府采购实施意见》(财库〔2006〕90 号)

1.5.4 地方性文件

(1)《辽宁生态省建设规划纲要(2006—2025 年)》(2006 年)

(2)《辽宁省主体功能区规划》(2014 年)

(3)《辽宁省国民经济和社会发展第十三个五年规划纲要(2016—2020 年)》(2016 年)

(4)《辽宁省"十三五"节能减排综合工作实施方案》(辽政发〔2017〕21 号)

(5)《中共盘锦市委关于加快推进生态文明建设的意见》(2015 年)

(6)《盘锦市城市总体规划(2011—2020 年)》(2011 年)

(7)《双台子区国民经济和社会发展第十三个五年规划纲要(2016—2020 年)》(2016 年)

(8)《双台子区土地利用总体规划(2006—2020 年)》(2006 年)

(9)《双台子区旅游发展总体规划(2015—2025 年)》(2015 年)

(10)《双台子区城建环保十三五年计划(2016—2020 年)》(2016 年)

(11)《双台子区十三五农业发展专项规划(2016—2020 年)》(2016 年)

(12)《双台子区水利十三五规划(2016—2020 年)》(2016 年)

(13)《双台子区 2018 年国民经济和社会发展统计公报》(2019 年)

(14)《盘锦市环境质量报告书》(2016 年度、2017 年度、2018 年度)

（15）盘锦市双台子区 2016 年、2017 年、2018 年统计数据

1.6　规划期限与范围

规划以 2018 年为基准年，规划期为 2016—2019 年。

规划范围是双台子区行政下辖的胜利、建设、红旗、辽河、铁东和双盛 6 个街道 32 个社区；陆家、统一两个镇 18 个村，土地面积 118 平方公里。

第 2 章　创建工作基础条件分析

2.1　自然生态环境质量得到改善

根据《盘锦市环境质量报告书》的统计数据，分析可得：3 年多来，双台子区国家生态文明建设示范区创建工作，以盘锦市开展的"重实干、强执行、抓落实"专项行动为重点，积极推动生态文明建设任务和深入践行绿色发展要求，通过开展污染防治攻坚战，实施创建规划重点工程项目，全区环境污染治理取得了阶段性成效，生态环境质量有了一定的改善。

（1）环境空气质量提升达标

2018 年双台子区城市环境空气质量良好，城市环境空气质量有所提升。盘锦全市在辽宁省 14 个城市环境空气质量综合指数排名第三，处于全省上游水平。2018 年与 2017 年的城市环境空气各项污染物浓度及综合指数对比结果见图 2-1。

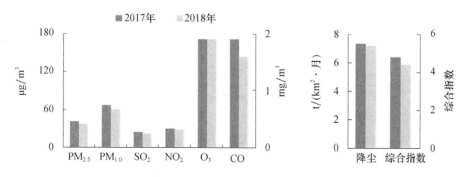

图 2-1　城市环境空气各项污染物浓度及综合指数

2018 年,双台子区优良天数比率为 85.0%。环境空气质量综合指数评价全市最好,其中可吸入颗粒物(PM_{10})、二氧化硫(SO_2)、二氧化氮(NO_2)浓度年均值、一氧化碳(CO)24 小时平均浓度和臭氧(O_3)日最大 8 小时滑动平均值浓度均符合国家环境空气质量二级标准;细颗粒物($PM_{2.5}$)浓度年均值达到国家标准要求。

与 2017 年相比,城市环境空气质量有所改善。细颗粒物、可吸入颗粒物、二氧化硫、二氧化氮和一氧化碳浓度、综合指数不同程度下降,降幅在 3.4%~15.8%,臭氧和降尘浓度与上年持平。

(2)地表水环境部分指标改善

双台子区有 4 条河流 3 条干渠,分别是辽河、小柳河、一统河、太平河、双绕引水总干渠、西绕引水总干渠、沟盘运河。各监测断面执行《地表水环境质量标准》(GB 3838—2002),辽河双台子段监测断面设置在曙光大桥,属国控监测断面,水域功能均为Ⅳ类;一统河、小柳河的监测断面分别设置在中华路桥、丁家柳河桥,均为省控断面,水域功能均为Ⅳ类;太平河监测断面设置在新生桥,为省控断面,水域功能为Ⅴ类。2018 年河流断面各水期监测结果见图 2-2、图 2-3。

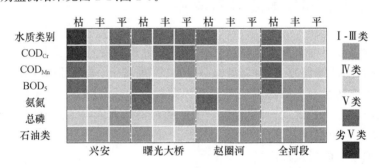

图 2-2　2018 年辽河多断面和全河段污染指标类别比例变化

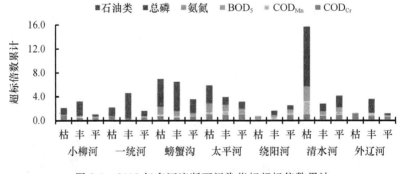

图 2-3　2018 年多河流断面污染指标超标倍数累计

2018 年,辽河盘锦全河段及各断面(入境断面兴安、控制断面曙光大桥、出境断面赵圈河)水质均符合Ⅳ类功能区标准,水质状况均为轻度污染。双台子段曙光大桥断面主要污染指标为化学需氧量(COD)、五日生化需氧量和氨氮(BOD_5),监测指标中化学需氧量浓度年均值超过功能区标准 0.01 倍；高锰酸盐指数、五日生化需氧量、氨氮和总磷均符合Ⅳ类标准。枯、丰、平 3 个水期中，曙光大桥断面水质各水期均基本符合Ⅴ类标准，水质无明显变化。

小柳河化学需氧量浓度年均值符合Ⅴ类标准，超过功能区标准 0.03 倍，五日生化需氧量和石油类均符合Ⅳ类标准，高锰酸盐指数、氨氮和总磷符合Ⅲ类标准。

一统河化学需氧量浓度年均值符合Ⅴ类标准，超过功能区标准 0.05 倍，高锰酸盐指数、总磷和石油类均符合Ⅳ类标准，五日生化需氧量和氨氮符合Ⅲ类标准；螃蟹沟总磷浓度年均值劣于Ⅴ类标准，超过功能区标准 0.25 倍，化学需氧量和氨氮符合Ⅴ类标准，高锰酸盐指数、五日生化需氧量和石油类均符合Ⅳ类标准。

太平河化学需氧量浓度年均值劣于Ⅴ类标准，超过功能区标准 0.02 倍，五日生化需氧量和氨氮均符合Ⅴ类标准，高锰酸盐指数、总磷和石油类均符合Ⅳ类标准。

总体上，双台子区内的辽河双台子段，小柳河水质平水期均好于枯水期；一统河、太平河水质丰水期均好于枯、平水期。上游汇入河流（水流）水质是影响辽河曙光大桥断面水质的主要因素。

（3）声环境质量基本符合标准

2018 年全区各类功能区昼、夜间等效声级各季度均值和年均值均符合标准；道路交通昼、夜声环境质量均属较好水平；区域昼、夜平均等效声级符合考核标准，昼间声环境质量属于一般水平，夜间声环境质量属于较好水平。

与 2017 年相比，各类功能区昼、夜间等效声级年均值略有下降；道路交通昼、夜声环境质量超标率持平。区域昼间声环境质量有所下降。

（4）土壤环境质量清洁等级

2018 年盘锦市的 4 个基本农田区西丰村、高家村、唐屯村和统一村共 11 个监测点位的各项指标浓度值均低于筛选值。基本农田土壤监测结果见图 2-4。

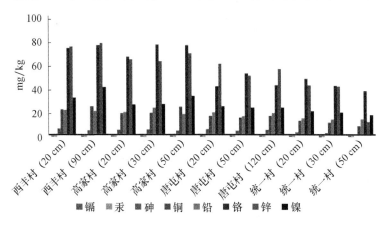

图 2-4 2018 年基本农田土壤监测结果

4个基本农田区单因子污染指数 Pi 值均小于1,等级为Ⅰ级,均为无污染。西丰村、高家村、唐屯村和统一村的土壤综合污染指数 Pn 值分别为 0.27、0.29、0.22 和 0.14,均小于 0.7,等级为Ⅰ级,属清洁等级。其中双台子区统一村的土壤环境质量最好。

(5)生态环境质量状况略有提升

双台子区生态环境质量状况评价采用盘锦市生态环境质量报告书的结论。数据显示,盘锦市每年进行1次生态环境质量状况评价,土地利用/覆被数据由辽宁省环境监测站统一分发,每年以县和市区为评价单元,共计3个评价单元。由于数据获取的原因,这次生态环境状况分析为 2017 年的状况。

2017 年盘锦全市范围生态环境状况指数为 65.7,生态环境质量总体状况为良。其中,2 个市区的生态环境状况指数为 52.8,生态环境质量状况为一般,植被覆盖度中等,生物多样性一般水平,较适合人类生存,但有不适合人类生存的制约性因子出现。大洼区环境状况指数为 67.0,盘山县为 66.3,生态环境质量状况均为良,生物多样性较丰富,适合人类生存,见图 2-5。

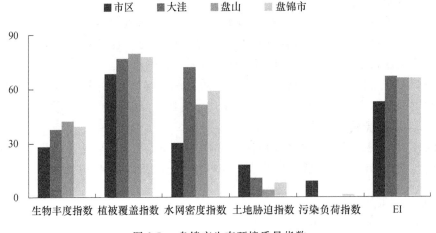

图 2-5　盘锦市生态环境质量指数

与 2016 年相比,双台子区的生物丰度指数、水网密度指数和土地胁迫指数基本持平;植被覆盖指数总体上升;污染负荷指数明显下降,生态环境状况指数(EI)提升 3.0 个百分点。

2.2　社会经济体系支撑保障完备

(1)高度重视生态文明建设

党的十八大把生态文明建设纳入中国特色社会主义事业"五位一体"总体布局,并将生态文明建设、美丽中国首次写入"十三五"规划中,提出大力推进生态文明建设,着力构建资源节约型、环境友好型社会。双台子区将持续推进经济平稳较快发展和增长方式转型的策略,融入振兴东北老工业基地战略施和辽宁区域经济发展新格局,与全省沿海、腹地等其他地区良性互动、协调发展、资源优势互补、全方位对外开放,这为生态文明建设提供了良好的机遇。

近年来,双台子区委、区政府推进落实《中共盘锦市委关于落实"四个着力"实现全面转型走向全面发展的实施意见》和《中共盘锦市委关于加快推进生态文明建设的意见》,以提高环境质量、推动低碳循环发展、建设"两型社会"为工作重心,在保护自然、改善生态中实现了经济效益、社会效益和生态效益的协同提升,有效地促进了宜业、宜旅、宜居的现代生态滨河新城区建设。

(2)经济区位条件优势明显

双台子区地处辽河平原下游,近渤海辽东湾,位于盘锦市中部,是盘锦城市建设的起源地。作为主城区、老城区和产业发展核心区域,辽宁沿海经济带的重要节点,区位优势明显。高速公路、铁路交通网络发达,区中心有高铁盘锦站,且紧邻盘锦北站,京沈高铁到北京仅需 90 分钟;距离东北及蒙东地区最近出海口——盘锦港仅 40 分钟车程;距离省内主要民用机场均在 2 小时圈内。优越的地理位置、广阔的发展空间,为双台子区发展提供了得天独厚的区位优势。

(3)资源条件丰富较为优越

双台子区有着丰富的自然资源和人文资源。全区地下蕴藏着大量的石油、天然气和井盐等矿产资源,是中国重要的石油化工基地;河流纵横交错、湿地面积广阔,水域面积 23 平方公里,占土地总面积的 19.5%,具有"枕河而居"的北方水城特色。大面积的有机稻田,彰显生态优势,农业成为辽宁省的重要商品粮基地、芦苇产地;城市河湖滨岸风光秀美,生态旅游、石油工业旅游和文化旅游资源景观独特,体量巨大,交相辉映,建有辽西地区面积最大的湿地动物园,全国唯一的不断代碑林公园——辽河碑林公园,以及辽河水闸等观赏、休闲旅游景区。

(4)经济综合实力持续提升

双台子区坚决贯彻落实市委、市政府"一条主线、三大任务、四个转型"的战略部署,按照"一带三区"发展总布局,以项目建设为抓手,狠抓招商引资和固定资产投资工作,积极推进结构调整,全区经济实现了持续增长。

2018 年末,全区所属地区生产总值实现 130 亿元,同比增长 4%;一般公共财政预算收入实现 6.4 亿元,同比增长 3.7%;规模以上工业增加值实现 11 亿元,同比增长 10%;城镇居民人均可支配收入达到 30847 元,同比增长 8%。区域综合实力得到进一步增强,人民生活水平得到稳步提高。

全区坚持深化供给侧结构性改革,持续巩固"三去一降一补"成果,用最主要的精力抓经济,不断推动三次产业升级,把发展作为破解老城区一切问题的"金钥匙"。以盘锦精细化工产业园区为首的盘锦石化产业集群在辽宁省 100 个产业集群中名列首位,辽河服务业产业带跻身省级服务业集聚区行列,盘锦精细化工现代物流集聚区被评为省级物流示范园区。

(5)生态环境保护得到加强

双台子区把改善环境质量作为落实科学发展观、构建社会主义和谐社会的重要内容,生态环境保护工作以污染物总量减排和生态城市建设为抓手,大力推进生态文明建设,生态环境保护事业得到全面发展。

"三大攻坚战"开局良好。扎实开展中央环保督察"回头看"等各项整改工作,开发区污水处理厂提前运行。全面落实河(湖)长制,河流水质基本保持达标。2018年,完成建成区10吨以下燃煤锅炉淘汰任务,全区空气质量达标率始终保持全市第一,污染防治攻坚战取得全新进展。

加大环境专项整治工作力度。以环境整治为突破口,较好地完成扬尘整治、百日会战、辽河治理、饮用水源保护等环境治理工作,取得了丰硕成果。水土保持生态建设已从单纯治理转变为综合治理,水土流失重点治理区的植被覆盖率普遍提高,土壤侵蚀明显减少,局部地区生态环境显著改善,取得了良好的生态效益和社会效益。

(6)生态保护意识不断增强

2018年,双台子区有常住人口24万,是辽宁省人口最密集的城区之一。区委、区政府十分重视生态保护和生态建设,树立典型,逐步推广,保护生态环境,发展生态经济已成为全区上下的共识。

区政府为加快生态建设、发展生态经济,出台了一系列有效的政策,工业发展坚持走无污染、少污染发展之路,对企业的循环经济、清洁生产、节能减排建设项目实行政策扶持,健全政策导向机制,对推动全区的生态文明建设起到了积极作用,实现了生态、经济、民生共赢。

2.3 生态文明建设仍面临的问题

(1)产业结构有待调整优化

双台子区工业结构单一,经济受化工市场波动影响较大;企业发展方式粗放,创新能力不强,竞争力较弱;服务业发展水平低,短板较多,市场和中高端消费持续外流;城市改造升级成本巨大,土地征用和房屋征收工作矛盾突出;营商环境不够优化,招商引资难度较大,经济增速出现波动。

(2)生态环境质量需要提升

双台子区水环境质量虽然得到改善,但仍需加强治理,主要污染指标为化学需氧量、生化需氧量和高锰酸盐指数,呈典型的生活及农村面源污染特征。此外,随着城市化进程的加快,污染物排放增加,排放较为集中,城区植被覆盖相对较差,对生态环境质量状况有一定的影响。

(3)生态生活体系需要完善

双台子区环境综合整治取得了成效,但城镇、乡村的人居环境仍需改善,生态社区建设有待提高；绿色出行比例仍需提高，步行环境仍需进一步营造；绿色建筑推广有待进一步加强；节能、节水产品的推广以及其在农村的宣传力度尚需加强。

（4）生态文明制度尚不健全

目前，双台子区自然资源资产负债表还未建立，生态补偿缺乏强有力的政策和技术支持。环境监管体制存在缺陷，横向管理体制需进一步完善。环境保护投资支出及促进经济结构调整的绿色经济政策力度不够，对企业的生态文明建设缺乏现代管理制度。

（5）生态文化建设有待加强

双台子生态文化建设应秉持的理念和意识还较为欠缺，对于生态问题的基本态度仍然是重整治轻预防，没有形成稳定的生态保护的社会力量和文化生态。公众的生态文明认知水平与生态文明行为之间存在一定的差距；尤其是企业及员工的生产生活行为及环保意识有待进一步提高。

（6）科技创新能力较为薄弱

双台子区科研机构少，专业技术人员知识老化，科技创新能力较弱，引进推广先进科技成果的能力不强，与外地大专院校、科研机构合作较少，大部分企业技术水平还尚需提高。大部分企业的规模偏小，生产设备相对落后，产品水平较低，竞争力较弱，缺少龙头企业带动，缺乏以农副产品为原料的深度开发加工技术。企业对资金、技术、人才等资源吸引力相对较弱，高层次和技能型人才短缺，就业结构矛盾依然突出，区域竞争力有待加强。

第3章　规划建设指标

3.1　规划建设指标

为贯彻落实党中央、国务院关于加快推进生态文明建设的决策部署，指导和推动全区的生态文明建设，2016年双台子区依据《国家生态文明建设示范县、市指标（试行）》编制了创建规划，全面实施国家生态文明建设示范区创建。

2019年，生态环境部根据全国各地创建实践情况，客观地对《国家生态文明建设示范县、市指标（试行）》进行了修订。修订后的《国家生态文明建设示范市县建设指标》共包括生态制度、生态安全、生态空间、生态经济、生态生活、生态文化六个领域新的40项指标，见表3-1。

表 3-1　国家生态文明建设示范市县建设指标

领域	任务	序号	指标名称	单位	指标值	指标属性	适用范围
生态制度	（一）目标责任体系与制度建设	1	生态文明建设规划	—	制定实施	约束性	市县
		2	党委政府对生态文明建设重大目标任务部署情况	—	有效开展	约束性	市县
		3	生态文明建设工作占党政实绩考核的比例	%	≥20	约束性	市县
		4	河长制	—	全面实施	约束性	市县
		5	生态环境信息公开率	%	100	约束性	市县
		6	依法开展规划环境影响评价	市:100 县:—	市:100 县:开展	市:约束性 县:参考性	市县
生态安全	（二）生态环境质量改善	7	环境空气质量 　优良天数比例 　$PM_{2.5}$浓度下降幅度	%	完成上级规定的考核任务;保持稳定或持续改善	约束性	市县
		8	水环境质量 　水质达到或优于Ⅲ类比例提高幅度 　劣Ⅴ类水体比例下降幅度 　黑臭水体消除比例	%	完成上级规定的考核任务;保持稳定或持续改善	约束性	市县
		9	近岸海域水质优良（一、二类）比例	%	完成上级规定的考核任务;保持稳定或持续改善	约束性	市
	（三）生态系统保护	10	生态环境状况指数 　干旱半干旱地区 　其他地区	%	≥35 ≥60	约束性	市县
		11	林草覆盖率 　山区 　丘陵地区 　平原地区 　干旱半干旱地区 　青藏高原地区	%	≥60 ≥40 ≥18 ≥35 ≥70	参考性	市县

续表

领域	任务	序号	指标名称	单位	指标值	指标属性	适用范围
生态安全	（三）生态系统保护	12	生物多样性保护 国家重点保护野生动植物保护率 外来物种入侵 特有性或指示性水生物种保持率	％ — ％	≥95 不明显 不降低	参考性	市县
		13	海岸生态修复 自然岸线修复长度 滨海湿地修复面积	公里 公顷	完成上级管控目标	参考性	市县
	（四）生态环境风险防范	14	危险废物利用处置率	％	100	约束性	市县
		15	建设用地土壤污染风险管控和修复名录制度	—	建立	参考性	市县
		16	突发生态环境事件应急管理机制	—	建立	约束性	市县
生态空间	（五）空间格局优化	17	自然生态空间 生态保护红线 自然保护地	—	面积不减少，性质不改变，功能不降低	约束性	市县
		18	自然岸线保有率	％	完成上级管控目标	约束性	市县
		19	河湖岸线保护率	％	完成上级管控目标	参考性	市县
生态经济	（六）资源节约与利用	20	单位地区生产总值能耗	吨标准煤/万元	完成上级规定的目标任务；保持稳定或持续改善	约束性	市县
		21	单位地区生产总值用水量	立方米/万元	完成上级规定的目标任务；保持稳定或持续改善	约束性	市县
		22	单位国内生产总值建设用地使用面积下降率	％	≥4.5	参考性	市县
		23	碳排放强度	吨/万元	完成上级管控目标	约束性	市
		24	应当实施强制性清洁生产企业通过审核的比例	％	完成年度审核计划	参考性	市

领域	任务	序号	指标名称	单位	指标值	指标属性	适用范围
生态经济	（七）产业循环发展	25	农业废弃物综合利用率 秸秆综合利用率 畜禽粪污综合利用率 农膜回收利用率	％	≥90 ≥75 ≥80	参考性	县
		26	一般工业固体废物综合利用率	％	≥80	参考性	市县
生态生活	（八）人居环境改善	27	集中式饮用水水源地水质优良比例	％	100	约束性	市县
		28	村镇饮用水卫生合格率	％	100	约束性	县
		29	城镇污水处理率	％	市≥95 县≥85	约束性	市县
		30	城镇生活垃圾无害化处理率	％	市≥95 县≥80	约束性	市县
		31	城镇人均公园绿地面积	平方米/人	≥15	参考性	市
		32	农村无害化卫生厕所普及率	％	完成上级规定的目标任务	约束性	县
	（九）生活方式绿色化	33	城镇新建绿色建筑比例	％	≥50	参考性	市县
		34	公共交通出行分担率	％	超、特大城市≥70；大城市≥60；中小城市≥50	参考性	市
		35	生活废弃物综合利用 城镇生活垃圾分类减量化行动 农村生活垃圾集中收集储运	—	实施	参考性	市县
		36	绿色产品市场占有率 节能家电市场占有率 在售用水器具中节水型器具占比 一次性消费品人均使用量	％ ％ 千克	≥50 100 逐步下降	参考性	市
		37	政府绿色采购比例	％	≥80	约束性	市县
生态文化	（十）观念意识普及	38	党政领导干部参加生态文明培训的人数比例	％	100	参考性	市县
		39	公众对生态文明建设的满意度	％	≥80	参考性	市县
		40	公众对生态文明建设的参与度	％	≥80	参考性	市县

从表 3-1 的适用范围可以得到,修订后的 40 项考核指标既有对原指标的调整,也有新要求的考核指标。按照新的考核要求,双台子区的创建工作需要完成的考核指标共有 34 项,分为 21 项约束性指标,13 项参考性指标。

本次规划修编要求在规划期内,既完成创建国家生态文明建设示范区需要完成的考核指标有 34 项,还要完成原规划在生态生活领域的人居环境改善方面增加的,具有双台子区生态文明建设特色的 6 项指标,见表 3-2。

表 3-2 双台子区生态文明建设示范区特色指标

领域	任务	指标名称	单位	指标值	指标属性	适用范围
生态 生活	人居环境 改善	农村交通覆盖率	%	≥80,不降低	特色	陆家镇、统一镇
		农村标准化澡堂覆盖率	%	≥80,不降低	特色	陆家镇、统一镇
		农村标准化超市覆盖率	%	≥80,不降低	特色	陆家镇、统一镇
		农村医疗卫生室覆盖率	%	≥80,不降低	特色	陆家镇、统一镇
		村屯入户桥覆盖率	%	≥80,不降低	特色	陆家镇、统一镇
		村屯氧化塘覆盖率	%	≥80,不降低	特色	陆家镇、统一镇

规划修编的目标:2019 年度双台子区国家生态文明建设示范区创建工作全面通过国家、省考核验收,力争获得国家生态文明建设示范区荣誉称号。

3.2 指标考核可达性分析

通过指标考核可达性分析,总结双台子区前期创建工作的完成情况,并对照《国家生态文明建设示范市县建设指标》考核新要求,可以清楚地把握当前全区创建工作的成效与不足,以利于持续的创建工作能够借鉴经验,深入开展,也可以明确地辨识创建工作的差距,为规划提出持续的创建工作要求、工程任务安排提供决策依据。

3.2.1 已经基本达到考核要求的指标

(1)生态制度领域指标

指标 1:生态文明建设规划

2016 年以来,双台子区委、区政府积极响应国家原环境保护部、辽宁省原环境保护厅的号召,在"既要绿水青山,也要金山银山""绿水青山就是金山银山"科学论断的指导下,树立"创新、协调、绿色、开放、共享"的发展理念,立足区域生态环境基础,瞄准国家生态文明建设示范区考核指标要求,找准区域生态文明建设的根本问题,从顶层设计、统筹谋划,启动了国家生态文明示范区建设工作,编制并实施了《双台子区国家生态文明建设示范区建设规划(2016—2018 年)》,旨在深化全区生态文明建设的顶层设计,通过创建工作实践,成为生态文明建设的排头兵,让良好的生态环境成为经济社会持续健康发展的支撑点,成为人民幸福生活获得感的增长点,成为展现城市建设发展良好形象的闪光点。

三年来,全区生态文明示范区创建工作按照规划提出的目标和工作任务,从实践层面针对生态文明建设中存在的问题和不足,以内容丰富、针对性强,力度最大、措施最实,推进最快、成效最好的实践行动,积极推进生态文明建设,加快建立完善的生态文明制度体系,取得了较好的成果。到 2018 年,规划重点工程完成率达到80%以上,得到了全区人民群众的称赞和认同。

2019 年,双台子区创建工作鉴于生态环境部对《国家生态文明建设示范市县建设指标》的修订,按照新指标要求对已经实施的规划进行修编,以适应创建工作的新要求。修编完成的《双台子区国家生态文明建设示范区规划(2016—2019 年)》,在创建任务要求、重大项目安排和时间进度方面再次提出了具体的内容,将持续地全面地指导和深入地推进全区生态文明示范区创建工作。

该项指标达到了"规划制定并实施"的考核要求(符合创建申请在规划期内的要求)。

指标 2:党委、政府对生态文明建设重大目标任务部署情况

成立双台子区国家生态文明示范区建设领导小组,组织领导全区全面整体推进生态文明示范区建设工作。领导小组由区委、区政府主要领导任组长,各职能部门主要领导为成员,统一领导和组织全区国家生态文明示范区建设的各项工作和任务,协调资源配置,运用行政手段,确保规划落实。

领导小组办公室负责组织实施规划提出的具体任务,处理日常具体事务。政府各责任部门、乡镇设专人负责建设工作的任务落实、检查督办、信息通报、资料整理汇报等。

领导小组办公室出台了《双台子区各级人民政府主要领导生态文明实绩考核方案》《双台子区党政领导干部生态环境损害责任追究办法》等管理制度,制定了《双台子区国家生态文明建设示范区创建工作实施方案》《双台子区生态建设专项行动计划》等文件,编写了《双台子区生态文明建设道德规范》《双台子区建设公民行为手册》,在政府网站设立了"生态环境保护""生态文明之声"专栏。形成了全区上下创建工作有组织、任务有落实、人人知晓的良好环境。

该项指标达到了"区委、区政府对生态文明建设重大目标任务部署有效开展"的考核要求。

指标 3:生态文明建设工作占党政实绩考核的比例

双台子区创建领导小组针对建设规划提出的具体工作内容和要求,连续三年实行《双台子区直属部门、街镇、社区领导班子工作年度实绩考核实施方案》的目标责任制。

方案主要从制定创建年度计划,分解落实建设任务,明确责任单位、责任个人,由区政府与相关责任单位签订目标责任书,确保各项工作和任务的组织落实、任务落实、措施落实;区、街镇政府和责任部门必须将把生态文明示范区建设规划纳入政府经济和社会发展的长远规划和年度计划,把生态文明示范区建设的各专项职能列入日常工作内容中,在年度政府工作报告中得到体现等方面,提出了具体考核要求。

创建领导小组和组织部门组成考核办,统一对领导干部进行绩效考核。考核内容包括生态文明示范区建设指标、地方生态环境评价指标、重点地区和项目及其资金的落实情况。并将考核结果纳入综合考评体系,根据年度考核结果优劣,实施奖罚。

区绩效办依据《双台子区关于加快推进生态文明建设的意见》《双台子区生态建设专项行动计划实施方案的通知》,将生态文明建设指标纳入区绩效考核体系之中,指标分占总分的 28 分,占比 28%。

该项指标达到了"生态文明建设工作占党政实绩考核的比例≥20%"的考核要求。

指标 4:河长制

全区深入贯彻落实中共中央办公厅、国务院办公厅《关于全面推行河长制的意见》,按照《盘锦市实施河长制工作方案》要求,结合实际,全面开展河长制工作。现已确定区属总河长、河长,同时确定各级河段长的相应职责;成立河长制办公室,以水利局局长担任办公室主任,财政、国土、环保等相关责任单位各派一名副职任副主任,抽调业务人员开展河长制日常工作,保证河长制工作有效开展。

"河长制"工作开展以来,全面推进河长制工作方案制定和实施,切实履行"河长制"职责。根据市河长办的总体要求,区河长制工作实施方案于 2017 年 6 月出台,设立总河长 2 人、副总河长 4 人、河(段)长 16 人,同时成立河长制办公室,正常运行并履行职责;街镇级河长制工作实施方案在 9 月初制定并落实,拓展了河长制管理范围,细化延伸了河道流域管理层次,分级分段管理,明确了责任区域,加强日常监督,由二级河长延伸至村(社区)三级河长,实现了区、街镇、村(社区)三级"河长制"管理体系。

2017 年 6 月以来,陆续建立了河长会议制度、信息共享和报送制度、工作督察制度、部门协调和上下联动机制、验收制度、考核问责与激励机制等六项制度。制度实施后,各级河长认真履行职责,部门协调联动,在河道管理保护涉及的日常维护、监管、执法等方面,开展了多种形式的专项行动。全面夯实工作基础,加强河道治理保护,创新机制,广泛发动引导公众参与,开创了河道管理新模式,工作取得了阶段性成效。

该项指标达到了"河长制全面实施"的考核要求。

指标 5:生态环境信息公开率

在区政府网站(http://www.stq.gov.cn/)设置环境保护、生态文明两个专栏,主动公开相关环境信息。两个专栏广泛宣传了生态文明示范区创建工作情况,并按照《中华人民共和国政府信息公开条例》(国务院令第711号)和《环境信息公开办法(试行)》(国家环境保护总局令第35号)要求,全面公开企事业单位环境信息、污染源环境监管信息、国家重点监控企业污染源监督性监测及信息等。

2016年以来,累计公开相关环境信息387条,公开率为100%。保障了公众环境知情权,促进环境决策的民主化和科学化。

该项指标达到了"生态环境信息公开率100%"的考核要求。

指标6:依法开展规划环境影响评价

根据《中华人民共和国环境影响评价法》,双台子区政府三年来对《辽宁盘锦精细化工产业园区建设规划》《盘锦市陆家工业园建设规划》等重大专项规划,从"规划实施可能对相关区域、流域生态系统产生的整体影响;可能对环境和人群健康产生的长远影响;经济效益、社会效益与环境效益之间以及当前利益与长远利益之间的关系"等方面进行了规划环境影响评价,并依据评价结论对规划进行调整与完善。

该项指标达到了"依法开展规划环境影响评价"的考核要求。

(2)生态安全领域指标

指标7:环境空气质量

双台子区2017年、2018年的环境空气质量评价采用盘锦市环境监测站的监测数据,依据《盘锦市环境质量报告书》的评价结果见表3-3、表3-4。

表3-3 双台子区2016—2018年环境空气监测数据(年均)

单位:微克/立方米

年份	PM$_{2.5}$	PM$_{10}$	SO$_2$	NO$_2$
2016	40	67	27	28
2017	31	57	40	21
2018	31	51	31	24
执行标准 GB 3095—2012	35	70	60	40

表3-4 双台子区2016—2018年环境空气质量天数

年份	有效监测天数	达标		轻度污染		中度污染		重度污染		严重污染	
		天数(天)	比例(%)	天数(天)	比例(%)	天数(天)	比例(%)	天数(天)	比例(%)	天数(天)	比例(%)
2016	366	280	76.5	61	16.7	18	4.9	7	1.9	0	0
2017	365	276	79.3	69	19.8	17	4.9	3	0.9	0	0
2018	354	281	81.9	58	16.4	12	3.3	3	0.8	0	0
2018与2016比较	—	提高1	提高5.4	下降3	下降0.3	下降6	下降1.6	下降4	下降1.1	—	—

统计数据分析可得:2018年环境空气 PM_{10} 浓度低于68微克/立方米,$PM_{2.5}$ 浓度低于38微克/立方米,优良天数比例高于78%。完成辽宁省2018年重点城市考核任务中盘锦为 $PM_{2.5}$ 浓度低于43微克/立方米,优良天数比例高于75.8%,及盘锦市政府与双台子区政府签订的目标责任书任务。而且全年环境空气质量有一定的提升,环境空气质量综合指数位居盘锦市第一。

该项指标达到了"环境空气优良天数比例,$PM_{2.5}$ 浓度下降幅度均完成上级规定的考核任务,保持稳定或持续改善"的考核要求。

指标8:水环境质量

双台子区境内的辽河段、小柳河、一统河、太平河的各监测断面执行《地表水环境质量标准》(GB 3838—2002),其中辽河双台子段监测断面设置在曙光大桥,属国控监测断面;一统河、小柳河的监测断面分别设置在中华路桥、丁家柳河桥,均为省控断面,水域功能均为IV类;太平河监测断面设置在新生桥,为省控断面,水域功能为V类。监测结果见前面"第2章 创建工作基础条件分析"图2-2、图2-3。

2018年,辽河盘锦全河段及各断面中(入境断面兴安、控制断面曙光大桥、出境断面赵圈河)水质均符合IV类功能区标准,水质状况均为轻度污染。曙光大桥断面主要污染指标为化学需氧量、五日生化需氧量和氨氮。监测指标中,化学需氧量浓度年均值符合V类标准,超过功能区标准0.01倍;高锰酸盐指数、五日生化需氧量、氨氮和总磷均符合IV类标准。枯、丰、平3个水期中,曙光大桥断面水质各水期均符合V类标准,水质无明显变化。

小柳河的化学需氧量浓度年均值符合V类标准,超过功能区标准0.03倍,五日生化需氧量和石油类均符合IV类标准,高锰酸盐指数、氨氮和总磷符合III类标准。

一统河的化学需氧量浓度年均值符合V类标准,超过功能区标准0.05倍,高锰酸盐指数、总磷和石油类均符合IV类标准,五日生化需氧量和氨氮符合III类标准;螃蟹沟总磷浓度年均值劣于V类标准,超过功能区标准0.25倍,化学需氧量和氨氮符合V类标准,高锰酸盐指数、五日生化需氧量和石油类均符合IV类标准。

太平河的化学需氧量浓度年均值劣于V类标准,超过功能区标准0.02倍,五日生化需氧量和氨氮均符合V类标准,高锰酸盐指数、总磷和石油类均符合IV类标准。

地下水质量情况:2017年前,盘锦市有4个水源地均属地下水开采,水质较好。随着近几年全市逐步应用大伙房水库供水工程,辽河油田地区居民日常供水全部由地表水源替代,辽河油田供水公司管理的兴一、兴南、盘东等水源属于计划要求的封闭水源,省环保厅等省直部门已经完成了兴一、兴南、盘东等水厂、大洼水源部分水井关闭的现场确认工作。同时节水工作力度加大,减少开采量,地下水局部水位有所回升。

2018年盘锦市地下水监测共设51眼地下水井,监测井分布在盘山县、大洼区,执行《地下水质量标准》(GB/T 14848—2017)。双台子区没有监测井分布。

2018年,全部51眼监测水井的水质基本达标,总体良好。其中仅有11眼监测井水质的铁、锰、色、臭、味及浑浊度存在较小范围的超标现象。

水环境质量整体评价结果是:2018 年度盘锦市参加《辽宁省水污染防治行动工作方案》实施情况考核,水环境质量目标完成情况综合评价等级为良好。目前,双台子区没有黑臭水体。

该项指标达到了"完成上级规定的考核任务,保持稳定"的考核要求。

指标 10:生态环境状况指数

双台子区生态环境质量状况评价,采用盘锦市生态环境质量报告书的结论。数据显示,盘锦市每年进行 1 次生态环境质量状况评价,采用的土地利用/覆被数据由省环境监测站统一分发,每年以县和市区为评价单元,共计 3 个评价单元。由于数据获取滞后一年的原因,本次生态环境状况分析为 2017 年的状况。

2017 年,盘锦全市范围生态环境状况指数为 65.7,生态环境质量总体状况为良。其中,双台子、兴隆台 2 个市区的生态环境状况指数为 52.8,生态环境质量状况为一般,植被覆盖度中等,生物多样性一般水平,较适合人类生存,但有不适合人类生存的制约性因子出现。大洼区环境状况指数为 67.0,盘山县为 66.3,生态环境质量状况均为良,生物多样性较丰富,适合人类生存,见图 3-1。

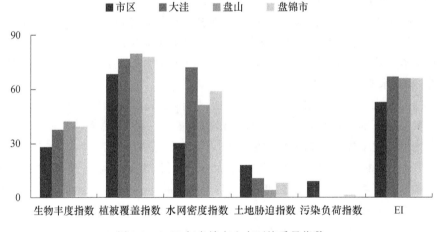

图 3-1　2017 年盘锦市生态环境质量指数

可见,2017 年双台子区的 EI 为 52.8。将双台子区 2017 年的 EI＝52.8 与 2016 年的 EI＝49.8 对比,提升了 3.0 个百分点。可以得出结论:双台子区的生态环境质量指数在创建国家生态文明示范区的三年里,没有降低且取得了有所提升的成果。

考虑到双台子区作为盘锦石油工业城市的建成区,由于长期以来城市发展导致全区土地利用类型中耕地、林草地和水域(湿地)的面积比例小,建设用地较大,在历年的省级生态环境质量评价中土地胁迫指数一直是关键影响因子,且对总体评价贡献较大;加之近三年,国家能源局《大庆油田有限责任公司等 16 个油气田公司 2017年油气田开发产能建设项目备案》中的辽河油田新开发项目建设,纳入《盘锦市土地利用总体规划(2006—2020 年)调整方案》确定的规划重点基础设施建设项目一览表中,同时纳入《双台子区土地利用总体规划(2006—2020年)调整方案》的重点建设项目清单,有数量较多的油井、井场和管线、道路重点建设项目占用土地,也加剧了土地胁迫指数的贡献率,严重制约着生态环境质量状况的提升。

再有,参考双台子区周边"以农村生态环境区域为基础考核的盘山县、大洼区的 EI 分别为 66.3、67.0,生态环境质量状况均为良,生物多样性较丰富,适合人类生存的情况"的结果,可以推测:双台子区所属的农村陆家镇、统一镇,紧邻盘山县、大洼区等农村区域,其生态环境状况客观上应该相同,生态环境状况指数是能够达到 60 以上的。

因此,综合考察双台子区创建工作,通过多方面努力已经取得 EI 指数提升 3 个百分点,但仍需根据双台子区创建工作的实际情况,将其纳入生态文明示范区持续建设的重点任务。

该项指标基本达到"生态环境状况指数≥60"的考核要求。

指标 11:林草覆盖率

双台子区自然环境属于平原,且临近渤海辽东湾,创建工作实施三年来主要针对天然植被少的客观情况,全区通过宜居乡村、美丽乡村建设,大力开展城乡绿化工作。主要是围绕村屯绿化、园区绿化、沟渠绿化、道路绿化等工程,以"栽满栽密"为原则,不断增加绿量,林草覆盖率不断提高。2018 年,林草覆盖面积达到 21.48 平方公里,林草覆盖率为 18.2%,见表 3-5。

表 3-5　双台子区 2016—2018 年林草覆盖率

类别	2016 年	2017 年	2018 年
全区林草覆盖面积(平方公里)	22.32	22.82	21.48
全区国土面积(平方公里)	128	128	118
林草覆盖率(%)	17.4	17.8	18.2
考核标准	林草覆盖率≥18%		

该项指标达到了"林草覆盖率≥18%"的考核要求。

指标 12:生物多样性保护

双台子区生态环境是盘锦城市环境为主体的 2 个建成区之一。虽然处于候鸟迁徙通道的重要节点,鸟类资源丰富,但是根据盘锦市生物资源调查结果显示,区内没有国家重点保护野生动植物分布,没有特有性或指示性水生物种分布,外来物种入侵仅有常见的豚草、美国白蛾 2 种。

创建期间,全区积极开展生物多样性宣传教育活动,充分利用电视、广播、报刊、微信等新闻媒体,借"爱鸟周""野生动物保护宣传月"大力开展宣传活动,扩大社会影响,提高公民保护意识,收到良好效果,初步形成了全民保护鸟类的良好风尚。全区不定期组织环境保护和野生动物保护工作人员对全区的集贸市场、饭店进行抽查,未发现餐食野生动物现象。

双台子区农村经济局为全面加强美国白蛾防治工作,保护城市生态安全,创建文明城市。根据国家和省、市白蛾防治工作总体要求,结合实际,制定《美国白蛾防治实施方案》,建立了美国白蛾防治长效机制。全区美国白蛾防治坚持"预防为主、科学防控、依法治理"的方针,遵循"突出重点、分区域治理、属地负责、联防联治"和"治早、治小、治了"的原则,明确了监测检查时间、监测调查树种、防治责任。通过采取综合治理措施压缩发生面积,控制发展范围,实行专业防治和群防群控相结合措施,加大对辖区内路林的防治力度,确保疫情不蔓延,把危害程度降到最低。重点区域做到及时发现、及时防治、及时监测,避免复发。

该项指标达到了"外来物种入侵不明显"的考核要求。

指标 13:海岸生态修复

双台子区不临海,该项指标不考核。

指标 14:危险废物利用处置率

按照国家《危险废物管理办法》的要求,严格执行产生危废企业需要签订危险废物处置协议,办理危险废物转移申请,将危险废物运往有资质处理的单位进行无害化处理的管理制度。

双台子区产生的危险废物主要分为工业危险废物和医疗垃圾。2016—2018 年,共产生工业危险废物 2048 吨,实际处理量为 2048 吨,处理率 100%。2016 年全区医疗机构产生医疗废物 48 吨,全部签订处置协议并送至盘锦市有毒有害废弃物处理站处置;2017—2018 年全区医疗机构产生医疗废物 99 吨,全部与盘锦京环环保科技有限公司(简称"京环公司")签订处置协议,并送其处置。

该项指标达到了"危险废物利用处置率 100%"的考核要求。

指标 15:建设用地土壤污染风险管控和修复名录制度

为加强工业企业用地环境监督管理,有效控制污染地块的环境风险,根据《中华人民共和国土壤污染防治法》、《国务院关于印发土壤污染防治行动计划的通知》(国发〔2016〕31 号)、《污染地块土壤环境管理办法(试行)》(环境保护部令第 42 号)、《辽宁省人民政府关于印发辽宁省土壤污染防治工作方案的通知》(辽政发〔2016〕58 号)等法律法规、文件要求,2017 年原双台子区环境保护局成立了区土壤污染防治工作领导小组,设置土壤污染治理专业股室,并配备专业人员负责工作,完成了《双台子区土壤污染防治工作方案》(双区政发〔2017〕13 号)编制工作。

2017 年,通过对全区重点行业企业 49 家的建设用地进行土壤详查,采集了相关基础数据。目前正在进行数据审核、按照相关要求建立重点行业企业的"一企一档"。对双台子全区的农用地土壤污染状况进行摸底采样,共完成 50 个点位采样,并送交市生态环境监测站检测,正在进行评价(名录编制)。

该项指标基本达到了"建设用地土壤污染风险管控和修复名录制度建立"的考核要求。

指标 16:突发生态环境事件应急管理机制

双台子区依据《中华人民共和国环境保护法》《国家突发环境事件应急预案》《辽

宁省突发环境事件应急预案》及相关的法律、法规,2016 年制订了《双台子区突发环境事件应急预案》。

应急预案设立了区突发环境事件应急处置领导小组,作为全区突发环境事件应急管理工作的专项领导协调机构。领导小组组长由区政府分管副区长担任,副组长由区政府办公室分管副主任、区城建局、环保局局长担任,成员单位包括区宣传部、公安分局、民政局、财政局、城建局、环保局、安监局、交警大队、电信局、移动公司、卫生局、自来水分公司、水利局、农经局及各街道办事处等职能部门。

应急领导小组办公室设在区城建局和环保局,应急预案明确其负责环境应急领导小组办公室的日常工作和日常应急值班;突发环境事件应急预案和环保部门应急预案的制订和修订工作,贯彻落实区政府的决定事项;受应急领导小组委托,承担突发环境事件应急反应的组织和协调工作,组织协调专业和社会资源参与应急救援;负责职责范围内的案件调处工作;做好对突发环境事件的预防、预测、监测、信息报送工作,及时向区政府和上级环保部门报告重要情况和建议;建立环境保护应急队伍,组织环境应急预案演练、人员培训和环境应急知识普及工作;负责城市环境基础设施的正常运行,为环境应急救援提供物资、技术支持等工作。

该项指标达到了"建立突发生态环境事件应急管理机制"的考核要求。

(3)生态空间领域指标

指标 17:自然生态空间

2018 年,盘锦市开展了生态红线划定工作,根据生态系统服务功能重要性和敏感性、脆弱性评价,将水源涵养、土壤保持、生物多样性保护功能重要和敏感的区域纳入生态红线区域,实施严格的生态保护制度和措施。

其中,双台子区划定辽河水源涵养生态保护红线区域 7.62 平方公里,占全区国土面积的 14.06%。盘锦市生态保护红线划定结果保护了全市 67.49% 的水源涵养功能,保护了全市 82.35% 的生物多样性维护功能。

双台子区国土面积为 118 平方公里,建成区面积为 46.52 平方公里。2018 年,全区受保护地的国土面积为 12.11 平方公里,其中林地面积 2.82 平方公里,湖滨公园面积 1.67 平方公里,生态红线区面积 7.62 平方公里,受保护地面积占国土面积比例为 9.54%,受保护地占非建成区的国土面积比例为 15.05%。形成了支撑经济社会可持续发展的生态安全屏障体系和优美的生态景观格局。

该项指标达到了"自然生态空间面积不减少,性质不改变,功能不降低"的考核要求。

指标 18:自然岸线保育率

双台子区不临海,该项指标不考核。

指标 19:河湖岸线保护率

双台子区境内共有"4 河",分别是辽河双台子段、小柳河、一统河、太平河,河道总长度约 51.64 公里。其中辽河双台子段位于南部,东起西绕总干渠,到陆家、新生两镇交界处,河道全长 19.64 公里,河道平均宽 1.5 公里;小柳河为辽河支流,东起西绕总干渠,西至小柳河口,河道平均宽 110 米,河道长 6 公里;一统河、太平河为辽河支流,均属排干类河,流经双台子区河道全长均为 13 公里,主要用来农田灌溉。

按照《水利部办公厅关于印发河湖岸线保护与利用规划编制指南(试行)的通知》(办河湖函〔2019〕394 号)要求,及《河湖岸线保护与利用规划编制指南(试行)》中"辽河口河段岸线,需要制定合理利用与保护规划"的要求。2018 年,辽河双台子段的 19.64 公里河道中,通过实施"退养还湿工程",双台子桥的上下游超过 7 公里的岸线已经恢复为自然岸线;再综合考虑"组织流域面积在 50 平方公里以上的河道,水面面积在 1 平方公里以上的湖泊岸线利用管理规划"编制工作要求,以及目前小柳河全长 6 公里的岸线,有约 2 公里长的河道为自然岸线的情况,可以认为双台子区的 25.64 公里的自然河道,有 9 公里的岸线是自然岸线,保护率为 35%。符合有关管控要求。

该项指标达到了"河湖岸线保护率达到管控目标"的考核要求。

(4)生态经济领域指标

指标 20:单位地区生产总值能耗

2016 年以来,全区严格按照上级下达的各项节能控制指标,实行地区耗能总量控制。

统计数据表明:2016 年双台子区 GDP 能耗为 0.69 吨标准煤/万元;2017 年全区 GDP 能耗为 0.68 吨标准煤/万元;2018 年全区 GDP 能耗为 0.68 吨标准煤/万元,见表 3-6,符合上级下达的节能控制考核要求。

表 3-6 双台子区 2016—2018 年单位 GDP 能耗情况

指标	2016 年	2017 年	2018 年
国内生产总值(万元)	1321924	1377379	1392833
总能耗(吨标准煤)	912128	936618	947126
单位 GDP 能耗(吨标准煤/万元)	0.69	0.68	0.68
统计方法	单位 GDP 能耗=全区总能耗/国内生产总值		

该项指标达到了"单位地区生产总值能耗完成上级规定的目标,保持稳定"的考核要求。

指标 21:单位地区生产总值用水量

2016 年以来,全区严格按照上级下达的各项水资源总量控制标,实行地区用水总量控制。

统计数据表明:2016 年双台子区用水总量 7176 万立方米,2017 年全区用水总量 6690 万立方米。2018 年全区用水总量 7385 万立方米,地区生产总值用水量 45.39 立方米/万元,符合上级下达的控制考核要求。全区连续三年保持稳定,见表 3-7。

表 3-7 双台子区 2016—2018 年地区生产总值用水量

类别	2016 年	2017 年	2018 年
用水总量(万立方米)	7176	6690	7385
地区生产总值 GDP(亿元)	132	152.7	162.7
地区生产总值用水量(立方米/万元)	54.36	43.81	45.39

该项指标达到了"单位地区生产总值用水量完成上级规定的目标,保持稳定"的考核要求。

指标 22:单位国内生产总值建设用地使用面积下降率

双台子区 2016 年地区生产总值为 132 亿元,建设用地规模为 4519 公顷[①],单位地区生产总值用地为 0.051 亩[②]/万元,单位地区生产总值用地面积下降率为 −4.53％。2017 年地区生产总值为 152.7 亿元,建设用地规模为 4574 公顷,单位地区生产总值用地为 0.045 亩/万元,单位地区生产总值用地面积下降率为 12.5％。2018 年地区生产总值为 162.7 亿元,建设用地规模为 4577.32 公顷,单位地区生产总值用地面积下降率为 6.08％。总的来看,三年来全区的单位地区生产总值用地面积有下降趋势,见表 3-8。

表 3-8 双台子区单位地区生产总值用地面积下降率

年份	GDP (亿元)	建设用地规模 (公顷)	单位 GDP 用地面积 (亩/万元)	下降率 (％)
2015	136.6	4474	0.049	
2016	132.0	4519	0.051	−4.53
2017	152.7	4574	0.045	12.50
2018	162.7	4577	0.042	6.08

该项指标达到了"单位地区生产总值用地面积下降率≥4.5％"的考核要求。

指标 25:农业废弃物综合利用率

通过调查统计,2018 年全区水稻种植面积为 5.3 万亩,粮食产量 3.3 万吨,秸秆产生量理论值约为 3.2 万吨,实际可收集量约为 2.4 万吨。通过秸秆综合利用,包括翻埋还田、直燃生活用能和编织等方式,2018 年全区秸秆综合利用量为 2.3 万吨,综合利用率为 95.8％。其中肥料化利用 1.2 万吨,占比 52.2％;燃料化利用 0.8 万吨,占比 34.8％;原料化利用 0.3 万吨,占比 13％。

2016 年、2017 年、2018 年全区秸秆综合利用率分别为 95.2％、95.4％、95.8％。

2018 年末,全区畜禽饲养量 3.65 万头(只)。全区 2016 年共有规模养殖场 8 家,2017 年关闭畜禽养殖禁养区的 7 家,现有规模养殖企业盘锦哥弟养殖有限公司,主营

---

① 1 公顷=15 亩,下同。

② 1 亩≈666.67 平方米,下同。

生猪养殖,位于统一镇统一村。该场产生的畜禽粪便通过堆积发酵还田,污水沉淀发酵还田,实现资源化利用。全区畜禽养殖场粪便综合利用率达到98%,见表3-9。

表3-9 双台子区2016—2018年畜禽养殖场粪便综合利用情况

年度	畜禽粪便产生总量(吨)	畜禽粪便利用量(吨)	不同方式利用量(吨)		综合利用率	指标要求
			沉淀发酵还田	堆积发酵还田		
2016	3021.86	2900.99	2256.36	765.50	96%	≥99%
2017	2649.50	2649.50	2104.16	545.34	100%	
2018	736.32	736.32	719.38	16.94	100%	

双台子区有2个镇以农业生产为主,耕地面积为4228公顷,其中水田4198公顷。目前农业经济以水稻种植为主,水稻生产广泛采用先进的生产技术,水稻生产过程中基本不用农膜。2个镇的其他少量的经济作物生产使用的农膜数量很少,在农户节约生产成本的意愿下,使用的农膜基本能够由农户自觉地全部回收利用,平均超过90%。

该项指标基本达到了"秸秆综合利用率≥90%,畜禽粪污综合利用率≥75%,农膜回收利用率≥80%"的考核要求。

指标26:一般工业固体废物综合利用率

2018年,盘锦市固体废物产生量为148.7万吨,全市固体废物综合利用量118.3万吨,占固体废物产生量的79.5%;处置量30.4万吨,占固体废物产生量的20.5%,达到了80.0%。其中,双台子区固体废物产生量约30.78万吨,综合利用量、处置量为30.19万吨,达到了98.1%。

该项指标达到了"一般工业固体废物综合利用率≥80%"的考核要求。

(5)生态生活领域指标

指标27:集中式饮用水合格率

2018年,盘锦市集中式饮用水水源地水质总体保持优良,水质稳定,各项指标均符合Ⅲ类标准,达标率为100%。

双台子区内没有城市集中式饮用水水源地,全区饮用水全部来自城市自来水厂。该项指标可以不考核。

指标28:村镇饮用水卫生合格率

双台子区城区和农村地区的饮用水都是自来水厂集中供水,水源地周边划定了一级、二级保护区,制定了保护管理办法,强化了保护措施。

按照《2018年全国饮用水卫生监测工作方案》(辽卫办发〔2018〕238号)要求,在全区范围内的1个出厂水、4个二次加压水和10个市政供水的末梢水监测点,进行饮用水卫生监测。2018年,依据《生活饮用水卫生标准检验方法》(GB/T 5750)对水质常规指标和非常规指标检测,以《生活饮用水卫生标准》(GB 5749—2006)评价,城区市政供水水样枯水期达标率为100%。

该项指标达到了"村镇饮用水卫生合格率100%"的考核要求。

指标 29：城镇污水处理率

双台子区建设有规模为 10 万吨/日的城市污水处理厂，建成区污水管网覆盖率 100%，而且建成区的生活污水也可以全部排到盘锦市第二污水处理厂。污水处理厂产生的污泥按照"盘锦市第二污水处理厂新项目特许经营协议"，送到盘锦京环环保科技有限公司进行安全处置。

近年来，为改善农村生态环境、提升居民生活品质，区委、区政府认真践行"绿水青山就是金山银山"理念，以农村生活污水集中处理设施建设为切入点，坚持"试点先行"。通过实施农村生态氧化塘建设工程，提高农村污水处理率，全区涉农行政村，建设有 19 个生态氧化塘，做到了村村生活污水都能有效生态净化后再排放。

通过进一步开展农村小型污水处理设施建设工作，推进农村生活污水的提标改造。2018 年全区在统一镇光正台村、陆家镇任家村进行了试点建设工作，将农村生活污水、厨房污水等庭院生活污水引入村屯公共管网，进行统一收集，再由农村小型污水处理设施进行统一处理，达到一级 B 排放标准后排入农村下水沟渠。通过此工作进一步提高了全区农村污水处理水平，改善农村地表水水质。2016 年、2017 年、2018 年，全区的城镇污水处理率均为 95%。

该项指标达到了"城镇污水处理率≥85%"的考核要求。

指标 30：城镇生活垃圾无害化处理率

双台子区政府与盘锦京环环保科技有限公司于 2016 年就已经签订"大京环城乡生活垃圾、生活污水全面收集、转运、无害化处理协议"，对全区的生活垃圾、生活污水全覆盖 100% 安全处置。

如陆家镇对各村垃圾进行全面治理，以实现无污水塘、无臭水沟，消除垃圾堆和卫生死角，杜绝垃圾随意倾倒、丢弃问题。全镇共建 5 个垃圾暂存池，每村 1 座垃圾暂存池、1 个禽畜粪便贮存池，占地面积 10 亩；设置 10 个不可降解垃圾收集点；建设垃圾箱 496 个；全镇共雇佣垃圾清运车 54 辆，保洁员 55 人，实现了垃圾处理减量化、资源化、无害化，农村生活垃圾处理率达到 100%。

该项指标达到了"城镇生活垃圾无害化≥80%"的考核要求。

指标 32：农村无害化卫生厕所普及率

创建期间，区委、区政府印发了《双台子区 2018—2020 年"厕新革命"三年行动实施方案》（双区委办发〔2018〕21 号）、《双台子区 2018 年农村无害化卫生厕所建设与改造实施方案》（双区爱卫办字〔2018〕7 号）文件，全面推进农村卫生厕所改建工作。

2018 年，全区改厕工作实现院外厕所 100% 入院（或入户），院内简易厕所 100% 拆除，卫生厕所普及率为 99.36%。

该项指标达到了"农村无害化卫生厕所普及率完成上级规定的目标任务"的考核要求。

指标 33：城镇新建绿色建筑比例

《辽宁省绿色建筑条例》旨在贯彻绿色发展理念和推进绿色建筑现代化、集约化、区域化发展,加快建筑业供给侧结构性改革及促进资源节约利用,改善人居环境。目前,区政府全面严格要求房地产开发企业强制性执行《绿色建筑评价标准》(GB/T 50378—2014)。

2018年,双台子区引导房地产开发企业按照《绿色建筑评价标准》(GB/T 50378—2014)要求,对当年新建14万平方米的恒大滨河世家项目,完成绿色建筑面积9.3万平方米,实现2018年新建绿色建筑比例达到66.4%。另据调查统计得到,2016年新建建筑的绿色建筑比例达到47.9%,2017年新建的建筑绿色建筑比例达到49.6%见表3-10。

表3-10 双台子区2016—2018年新建绿色建筑面积及比例

指标	2016年	2017年	2018年
新建建筑总面积(万平方米)	56	53	14
新建绿色建筑面积(万平方米)	26.9	26.3	9.3
新建绿色建筑比例(%)	47.9	49.6	66.4
考核要求	城镇新建绿色建筑比例≥50%		

该项指标达到了"城镇新建绿色建筑比例≥50%"的考核要求。

指标35:生活废弃物综合利用

双台子区政府与盘锦京环环保科技有限公司于2016年就已经签订"大京环城乡生活垃圾、生活污水全面收集、转运、无害化处理协议",全面启动城区街道垃圾分类工作,并开展城镇生活垃圾分类减量化行动。

同时,在村镇又通过村庄环境综合整治行动,在统一镇、陆家镇全面实施农村生活垃圾集中收集储运。各村分别采取发放宣传单、村内广播、入户讲解等多种形式开展了农村生活垃圾分类宣传。各个镇制定了保洁员管理制度,为村民发放居民小型三色垃圾桶,生活垃圾分类存储器具(桶)基本发放到位,农村生活垃圾分类农户知晓率基本达到100%。引导村民自觉将可降解垃圾,剩饭剩菜、菜叶果皮、炉灶灰等投放在绿色的可降解垃圾桶内;不可降解垃圾,废纸、塑料、玻璃、金属物、布料、烟头、煤渣、建筑垃圾等投入到蓝色的不可降解垃圾桶内;有毒有害垃圾,废弃的农药包装、医疗用品、灯管灯泡、电瓶电池、电子设备以及过期的药品、化妆品等投放到灰色的有毒有害垃圾桶内。各村设置垃圾暂存点。流动垃圾车定时上门收集,将垃圾集中到村垃圾暂存点,将分类垃圾按类运送到相应的垃圾处理场所。即不可回收垃圾如食品残留物、厕纸、纸巾等运到垃圾填埋场发酵池发酵,堆肥还田。可回收垃圾按户收集作为废品出售产生经济价值。有毒有害垃圾由保洁员收集后,暂存垃圾桶,定期由京环公司负责转运处理,最大限度开展资源利用。针对农户家的草木灰,由农户自行装袋,在夏季,保洁员统一收集后集中储存,剩余的由保洁员统一还田。

该项指标达到了"实施生活废弃物综合利用"的考核要求。

指标 37：政府绿色采购比例

2016—2018 年，依据财政部、国家发改委联合发布的节能环保相关文件的要求，进行了绿色采购。2017 年双台子区政府绿色采购规模为 511.31 万元，占同类产品政府采购规模的比例为 80.95%。2018 年政府绿色采购比例继续增加，达到 86.27%。

该项指标达到了"政府绿色采购比例≥80%"的考核要求。

（6）生态文化领域指标

为确保创建工作完成，达到考核验收要求，全区在生态文化领域的"观念意识普及"方面基本完成以下工作任务。

指标 38：党政领导干部参加生态文明培训的人数比例

2016 年开始，原双台子区环境保护局牵头组织对全区科级领导干部进行推进生态文明建设专题培训，分别邀请市委党校教授围绕"加强生态文明建设 争当绿色发展的排头兵""坚持绿色发展 共建生态文明""生态文明 千年大计"等内容，对全区科级以上领导干部进行专门授课。同时，区委组织部依托市委党校举办两期科级领导干部进修班，负责对全区科级以上领导干部进行集中培训。目前，全区科级以上干部都参加过生态文明培训，比例达到 100%，见表 3-11。

表 3-11　双台子区 2016—2018 年党政领导干部参加生态文明培训情况

指标	2016 年	2017 年	2018 年
党政领导干部参加生态文明培训的人数比例（%）	100	100	100
考核指标	党政领导干部参加生态文明培训的人数比例为 100%		

该项指标达到了"党政领导干部参加生态文明培训的人数比例 100%"的考核要求。

指标 39：公众对生态文明建设的满意度

2018 年 12 月，双台子区生态环境局向辖区内居民随机发放生态文明建设方面的调查问卷 1000 份，收回有效问卷 983 份。调查结果显示，公众对生态文明建设的满意度达到 95% 以上。

该项指标达到了"公众对生态文明建设的满意度≥80%"的考核要求。

指标 40：公众对生态文明建设的参与度

双台子区在三年的创建国家生态文明建设示范区的过程中，（1）创建领导小组利用电视、广播、报纸和网络等多种媒体，广泛宣传创建国家生态文明建设示范区的重大意义、目标和任务，基本形成了创建工作家喻户晓；（2）原区环境保护局、区委组织部举办多次科级以上领导干部的培训班，推进规划任务的落实，全区科级以上干部参加过生态文明培训比例达到 100%，并通过任务落实，基本达到了全区政府部门工作人员的全覆盖；（3）通过区政府网站设置的环境保护、生态文明专栏,主动宣讲创建工作进度、任务完成情况等相关信息,并利用开展"大气治理、水环境治理""生态红线划定、河长制""城镇生活垃圾减量化与分类处理行动""农村环境综合治理行动"等重大专项的机会,向广大公众介绍创建工作的目标和任务要求,取得了人人参与、家家受益,企事业单位积极投入,项目全面落实,为创建工作奠定了坚实的基础,基本形成了全社会共同创建国家生态文明建设示范区的良好局面。

2019年5月7日,区生态环境局对公众参与生态文明建设情况进行问卷调查,发放调查问卷1000份,收回有效问卷956份。统计分析结果是,公众对生态文明建设的参与度达到94.6%。

该项指标达到了"公众对生态文明建设的参与度≥80%"的考核要求。

3.2.2 继续创建需要完善的指标

指标8:水环境质量

这项指标目前基本达到了"劣Ⅴ类水体比例下降幅度,水质优于Ⅲ类比例提高幅度。完成上级规定的考核任务,保持稳定"的考核要求。但是,全区地表水环境质量仍然不尽人意,距离地表水环境质量要求有一定的差距,需要通过创建工作持续提升。

指标10:生态环境状况指数

双台子区生态环境质量状况评价采用全市生态环境质量监测的结论。数据显示,2017年全区的生态环境状况指数为52.8,生态环境质量状况为一般,植被覆盖度中等,生物多样性一般水平,较适合人类生存,但有不适合人类生存的制约性因子出现,见图3-2。

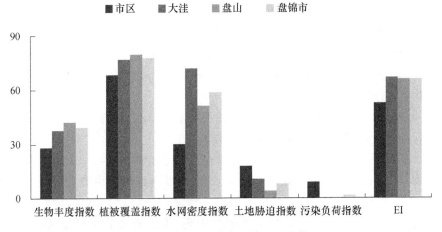

图3-2 盘锦市生态环境质量指数

将双台子区 2017 年的 EI＝52.8 与 2016 年的 EI＝49.8 对比,提升了 3.0 个百分点,将达标差距(10.2 个百分点)缩小了 29%。结论是:双台子区的生态环境质量在创建国家生态文明示范区的三年里,没有降低且取得了有提升的成果。但是,这项指标的考核标准是 EI≥60,对以城乡建有的双台子区的创建工作是十分艰巨的,不容易做到的,这项指标需要纳入生态文明示范区持续建设的重点任务。

指标 15:建设用地土壤污染风险管控和修复名录制度

这项指标目前基本达到了"建设用地土壤污染风险管控和修复名录制度建立"的考核要求。但是,全区的建设用地土壤污染风险的情况还没有全部查清,管控和修复名录制度还没有完全建立,需要在继续创建工作中完成指标要求。

第 4 章 规划建设重大任务

规划以生态环境质量有提升、环境保护有改善、保证创建考核达标指标持续提高为基础,对照生态文明建设示范区考核要求,按照全市生态文明建设的统一要求,提出全区进一步创建生态文明建设示范区的重大任务。

4.1 提升创建成果的重大任务

(1)持续改善水环境质量

"持续改善水环境质量"指标达标是继续创建需要提升的 3 项重要指标之一。该项指标作为双台子区持续创建国家生态文明建设示范区的重点任务,在目前基本达到了"劣 V 类水体比例下降幅度,水质优于Ⅲ类比例提高幅度完成上级规定的考核任务,保持稳定"的考核要求基础上,需要持续加大力度,需要持续提升。

具体措施包括:(1)全面落实《水污染防治行动计划》"水十条"要求,继续实施《双台子区关于加强水污染治理工作实施方案》《辽宁省水污染防治行动工作方案》等治理要求,将具体工作任务、内容和完成时限等相关要求落实到相关责任单位和部门,降低污染负荷指数。(2)按照市级河长制工作要求,依托区、街镇、村三级河长体系,持续地开展河道垃圾专项行动,开展"清四乱"专项行动,通过建立畜禽粪便废水处理设施、规范水产养殖和合理施用农药来控制农业面源污染;通过全面提高城市污水处理水平、完善污水处理厂配套管网工程建设等措施,有效控制城镇生活污水中污染物排放;通过推行清洁生产,在重点企业安装水质在线监测,严格削减工业源污染物排放量,实现改善地表水环境质量。

(2)生态环境状况达到良级

"生态环境状况达到良级"这项指标是该项指标作为双台子区持续创建生态文

明示范区的关键任务。双台子区生态环境质量状况评价一般采用盘锦市生态环境质量报告书的结论,虽然 2017 年的 EI＝52.8 与 2016 年的 EI＝49.8 对比,提升 3.0 个百分点,提高了约 6%,在创建国家生态文明示范区的三年里,没有降低且取得了有所提升的成果。但是,没有达到创建考核 EI≥60 的要求,这项指标的考核标准对双台子区创建工作来说是十分艰巨的。

为此,需要从《生态环境状况评价技术规范》(HJ/T 192—2015)的分类体系与评价指标考虑,依据评价指标体系的内涵,将生物的丰贫,植被覆盖的高低,水的丰富程度,遭受的胁迫强度,承载的污染物压力的影响因子作为抓手,设计具体工程措施,提高指数水平,从根本上解决问题。

具体措施包括:①继续加大林草覆盖,通过增加城市湿地公园建设,加强行道树、街角绿地、企事业绿地建设;通过美丽乡村建设,林草覆盖率有较大提高,以增加区域植被覆盖指数和生物丰度指数。②继续实施"退养还湿"工程,以扩大水域面积,加强水域的连通性,以增加区域水网密度指数。③全面落实"气十条""水十条"要求,继续实施《双台子区关于加强大气污染治理工作实施方案》《蓝天工程及"十二五"污染减排目标责任书》《关于进一步加强秸秆禁烧工作的通知》《双台子区关于加强水污染治理工作实施方案》等治理要求,将具体工作任务、内容和完成时限等相关要求落实到相关责任单位和部门,以降低污染负荷指数。④加强区域环境风险事故预防,落实《双台子区突发环境事件应急预案》要求,避免区域内出现的严重影响人居生产生活安全的生态破坏和环境污染事项,如重大生态破坏、环境污染和突发环境事件等,以稳定环境限制指数。

(3)完善建设用地土壤污染风险管控和修复名录制度

"完善建设用地土壤污染风险管控和修复名录制度"指标达标,是双台子区持续创建国家生态文明建设示范区的 3 项重要任务之一。

具体措施是:在目前"成立了区土壤污染防治工作领导小组,实施《双台子区土壤污染防治工作方案》(双区政发〔2017〕13 号),2017 年对全区农业土壤污染状况摸底采样,完成 50 个点位,并送交市监测站检测,对 19 家企业农用地土壤污染详查点位布设核实"的基础上,需要在创建工作中与辽河油田管理局协调,通过全区建设用地调查,尤其是调查明确污染企业用地对土壤污染风险的基本情况,制定合理的防控措施,通过完善建设用地土壤污染风险管控和修复名录制度,实现"一本账,有措施"的管控要求。

4.2　保持创建成果的基本任务

保持创建成果的基本任务,是指目前已经基本达到考核要求的指标,包括已经基本完成的"生态制度"领域的 6 项指标,"生态安全"领域的 7 项指标,"生态空间"领域包括的 2 项指标,"生态经济"领域的 5 项指标,"生态生活"领域的 7 项指标,"生态文化"领域的 3 项指标。针对上述指标,需要在持续创建的过程中总结经验,持续实施原规划提出的工程,并以更加严格的要求,更加有效的投入,保持目前的成果并力争有较大的提高。

4.3　保障考核达标的工程任务

实现生态文明建设示范区规划建设目标,保障考核达标,需要制定具体的重点工程任务、投资方案加以保障。根据对全区生态文明建设指标可达性与考核差距分析,以问题为导向,包括考虑前期规划需要继续实施的重大工程,依托双台子区本级、乡镇的多项社会发展规划、专项规划,有针对性地提出生态建设工程任务。

(1)重点工程安排

大力实施生态环境建设工程,加强生态环境保护与修复。工程主要是加大生态用地的投入,采取生物修复措施或进行综合利用;严格保护自然景观和湿地等基础性生态用地,维护生物多样性;在保护和改善生态功能的前提下,严格依据规划统筹安排滩涂等土地的开发。共拟定生态环境建设重点工程 15 项,包括前期规划提出的重大工程需要继续实施的和本次规划新增的,总投资 3210 万元。具体内容见表 4-1。

表 4-1　生态环境建设重点工程

序号	工程名称	工程单位	建设期限	总投资 (万元)	建设规模与效益	进展
1	辽河干流堤坡绿化工程	区水利局	2016—2019	880	辽河干流堤防城市段迎背水坡绿化,长度 14100 米,绿化面积 634 亩	规划
2	辽河干流堤防养护工程	区水利局,区住建局	2016—2019	250	辽河干流小柳河口至陆新界堤防及堤防管理范围养护,长度 17350 米,主要内容为堤防及保护范围修复、绿化、保洁、堤顶路面维修和设施维修等	规划实施
3	辽河干流水榭春城段水环境综合整治工程	区水利局	2016—2019	600	以整治现有湿地公园为主,通过工程人工干预消除防洪风险、改善生态,恢复自然环境,进一步提升辽河水质。治理面积 950 亩	规划实施

续表

序号	工程名称	工程单位	建设期限	总投资（万元）	建设规模与效益	进展
4	大气环境综合治理工程	区环境保护局	2016—2019	300	重点工业大气污染源安装在线监测系统；在电力、水泥、化工等行业中空气污染物排放量较大的企业强制安装脱硫除尘设施；拆除小锅炉；严禁秸秆禁烧；取缔黄标车；餐饮业油烟改造；推广道路湿式清扫；加强施工扬尘监管等	规划实施
5	清洁燃料用车改造工程	区发改委，区交通局，区环境保护局	2016—2019	500	公交车油电混用改造，出租车改造为天然气	规划
6	河流水系综合整治工程	区水利局	2016—2019	1000	主要包括小柳河、一统河、太平河及干渠的景观、截污、河岸公用设施配套工程及水利工程	规划
7	土地集约节约利用增效工程	区国土资源局	2016—2019	260	在加强土地利用统计数据管理的基础上，通过规模引导，对建设用地实行总量控制。优化布局，引导用地集中，促进整体设计、合理布局，建设项目用地节约集约开发。标准控制，严格执行项目用地控制指标，按照国家建设用地指标要求的投资强度控制指标、土地划分等、土地类进行审批	规划
8	土壤污染综合防治工程	区环境保护局	2016—2019	200	建立污染防控和修复名录机制；大力推广生态农业，采用生物措施，禁用高毒、高残留农药；加强工业"三废"治理	规划实施
9	城区道路绿化带工程	区住建局	2016—2019	380	城区道路绿化带绿化面积8万平方米。城区广场绿化面积2万平方米	规划
10	生物资源保护工程	区农经局，区水利局，区住建局	2016—2019	20	全面实施外来入侵物种美国白蛾和豚草防治	规划实施

序号	工程名称	工程单位	建设期限	总投资（万元）	建设规模与效益	进展
11	优化调整畜禽养殖业生产工程	区农业局，区环境保护局	2016—2019	80	全区实现畜禽养殖业规范化、标准化生产，合理布局。培育集畜禽养殖、屠宰、肉类加工于一体的大中型畜禽屠宰加工"龙头"企业集团	规划
12	实施化肥和农药零增长行动工程	区农业局，区环境保护局	2016—2019	120	主要农作物测土配方施肥实现全覆盖率；畜禽粪便养分还田率达到60%以上；机械施肥占主要农作物种植面积的40%以上，主要农作物肥料利用率达到40%以上，化肥使用量实现零增长。减少化学农药使用量，主要农作物病虫害绿色防治覆盖率达到30%以上，农药利用率达到40%以上，实现农药使用量零增长	规划实施
13	推进农业废弃物资源化利用工程	区农业局，区环境保护局	2016—2019	580	农作物秸秆还田量达到考核标准。推广应用标准地膜，引导农民回收废旧地膜和使用可降解地膜，加快建立政府引导、企业实施、农户参与的农膜回收利用体系，支持建设废旧地膜回收初加工网点及深加工利用	规划实施
14	农村环境治理工程	区农业局，区环境保护局	2016—2019	800	完善农村垃圾户集、村收、镇运、区处理的运行体系。建立农村环境治理经费保障机制，按400人左右配备1名保洁员的标准建立乡村环卫队伍，实现乡村保洁长效化。2个镇10个村达到省级环境优美村镇标准	规划实施
15	环境信息管理能力建设项目	区环境保护局	2016—2019	50	完善区创建国家生态文明建设网站，发布环境信息、政务公开、在线服务，提供与公众互动交流的重要平台。网站开设"公众对生态文明建设参与活动""公众对生态文明建设的满意度调查"专栏	规划实施
投资	3210 万元					

（2）资金筹措方式

生态环境建设工程需要大量的资金投入，在资金筹措上采取申请国家、省专项资金与争取市、地方各级政府投入相互结合的途径，确保项目得以顺利的落实与实施。

创建专项资金。区级财政部门设立生态文明建设示范区创建专项资金，制定具体的资金保障措施，并将创建专项资金列入本级财政预算，力争保证生态、环保投资占 GDP 比重达到 3.5%。

优化财政支出结构。优先考虑工程项目资金投入，及时划拨，确保任务顺利进行。同时建立企业投入机制，采取环境保护工程项目招标的市场化运作方式，实施投入与收益相挂钩的"谁投入、谁治理、谁受益"的原则，形成减排受益的良性循环，树立社会责任意识。

第 5 章　保障措施

生态文明建设示范区创建具有长期性、综合性、系统性，涉及社会、经济、资源环境等诸多领域。全面落实生态文明建设示范区创建的各项目标和任务，需要各行业、各部门采取切实有效的措施。要以实现双台子区生态文明建设示范区创建目标为核心，明确责任主体，拓宽融资渠道，强化科技支撑，加大执法力度，鼓励公众参与，并通过组织、行政、经济、法律等多种手段为生态文明示范区建设提供有力保障。

5.1　组织领导保障

设立领导小组办公室。双台子区国家生态文明建设示范区创建工作设立领导小组办公室，由领导小组统一组织、协调各项工作的资源配置，运用行政手段，确保规划落实。领导小组办公室负责处理日常具体事务，区属各职能部门和各乡镇设专人负责任务督办、信息通报、资料的整理、汇报等。

建立目标责任制。创建工作领导小组办公室针对创建工作具体内容，制定年度计划，分解落实建设任务，明确责任单位、责任个人，由区政府与相关责任单位签订目标责任书，确保工作和任务的组织落实、任务落实、措施落实。区、乡镇政府和责任部门必须把生态文明建设示范区规划纳入政府年度计划，把各项任务列入日常工作中，在年度政府工作报告中得到体现。

实施领导问责制。建立严格的规划实施领导问责制和领导干部生态文明建设示范区创建绩效考核制。区各责任部门、责任单位的领导对本部门、本单位的建设任务和目标完成情况全面负责，由区考核办对领导干部统一组织绩效考核。考核内容包括生态文明建设示范区指标、地方性生态环境考核指标、重点任务和建设项目及其资金的落实情况。考核结果将纳入综合考评体系,根据年度考核结果优劣,实施奖罚。

5.2　制度法规保障

认真贯彻落实国家、省市有关环境保护、生态建设的一系列法律法规,健全完善地方性资源开发、环境保护方面的规章制度。各类自然资源的开发必须严格遵守《规划环境影响评价条例》,依法履行环境影响评价手续。资源开发重点建设项目应编制各类生态环境保护方案,认真实行生态环境保护否决制度,始终坚持环保"三同时"制度。各级人大要加强法律监督,各级部门要及时受理环境违法案件,依法严肃查处环境违法行为。加大对环境执法机构的监督执法力度,落实执法责任制和责任追究制。

建立生态环境保护监管体系。生态环境、住建、农经、自然资源等相关部门各司其职,严格执法,依法行政,并在此基础上建立起分工明确、相互合作的工作机制。在强化服务中加大督查监管力度,认真开展生态环境监察工作。坚决制止破坏生态环境的行为,重点查处违反环境保护法、环境影响评价法、水法、水土保持法、土地法、森林法的行为。建立生态环境监测预警机制,加强现场执法装备配置,提高应急处理污染问题的能力,及时妥善解决环境事件。建立环境监察报告制度,定期公布环境污染与破坏事故及其他突发性环境事件。

落实国家关于资源有偿使用制度,制定符合双台子区实际的资源有偿使用办法。明确自然资源资产权属,实施自然资源统一管理的用途管制制度。适时推广环境资源产权交易,建立吸引社会资本投入生态环境保护的市场化机制及环境污染第三方治理机制。

5.3　财政资金保障

加大财政投入。在区财政预算中足额安排生态文明建设示范区建设,加大相关资金优化整合力度,统筹安排工业发展、科技、水利、城建、扶贫等专项资金的使用,集中资金投向重点项目,提高资金使用效益。改进和创新财政专项资金分配使用方式,推行竞争性分配、以奖代补、贴息补助、股权投入、试点示范、绩效评价等办法。对节能降耗、资源综合利用和清洁生产等与生态文明示范区理念相一致的建设项目,优先给予区级贴息贷款支持。

拓宽融资渠道。通过政府引导、市场运作、多方参与,搭建融资平台。政府定期公布生态文明建设项目融资意向,出台因势利导政策,支持生态项目进行融资。实施财政贴息贷款、延长项目经营权期限、减免税收和土地使用费等优惠政策,吸引社会投资向生态文明建设示范区创建的关键领域聚集。鼓励企业捐资参与创建工作，由区政府统一安排，所筹款项实行统一账户、统一票据、统一管理、统一使用。

设立补偿专项资金。按照价值规律及"谁利用，谁补偿"的原则，完善有关经济政策，建立生态环境补偿基金，逐步实施区域间生态补偿。

5.4　科学技术保障

加强对从事生态环境保护、绿色经济建设的专职人员技术培训，为生态环境保护、生态管理、环境监测、污染防治、监督执法等工作提供坚实的后盾。

进一步增强对外开放意识，与国内外科研院所和高校开展长期密切合作，积极开发和引进清洁生产、生态环境保护、资源综合利用与废弃物资源化等方面的各类新技术、新产品。建立生态环境质量信息平台，实现监测信息实时传递、自动分析、辅助决策。

5.5　公众参与保障

深化对各级行政领导、特别是第一线的乡镇领导的可持续发展战略培训教育，切实增强生态文明示范区建设战略意义的认识。通过媒体开展形式多样的创建宣传、技术讲座培训，动员全社会共同参与。开展中小学的环境教育，编写广大公众喜闻乐见的手册，使公众了解生态文明示范区建设的目的、意义、面临的问题及解决措施，提高公众参与生态文明建设示范区创建的积极性。

设立生态环境投诉中心和公众举报电话，鼓励公众检举违反生态环境保护法律法规的行为。积极推行政府生态信息公开、企业环境行为公开等制度，扩大民公众对生态建设和保护的知情权、参与权和监督权。

第二部分
国家生态文明建设示范区的创建

《国家生态文明建设示范市县管理规程》规定,符合基本条件的创建地区人民政府,可通过省级生态环境行政主管部门向生态环境部提出申报申请,并填报和提交有关数据及档案资料。为此,2019年双台子区对照国家生态文明建设示范市县建设指标要求,自查创建期间全区完成规划目标、重点工程任务的情况,形成了《双台子区国家生态文明建设示范区创建技术报告》,是申请辽宁省生态环境厅预审、国家生态环境部核查的基本要件。

创建技术报告编制对照创建规划提出的创建目标、重大工程任务要求、时间表及保障措施等,全面整理创建责任单位提交的工作情况资料、数据,经过统计分析、汇总;对照考核指标要求,全面分析了三年多来全区创建工作遵循规划的指导思想,按照创建目标、重点工程任务,紧紧围绕创建指标考核标准,立足双台子区地域特色与生态文明建设实际,积极探索生态文明建设示范区创建新举措、新途径,通过"加强组织建设""强调规划实施""对标考核指标""公众广泛参与"等多项措施,全面推进规划任务、重大项目的落实。作为全区创建工作的全面总结,提交申请上级主管部门予以预审、核查。创建技术报告主要内容如下。

1. 强化领导,加强制度建设,广泛宣传,为创建工作打下坚实基础

创建工作高度重视基础性工作,全面落实了"建设协调有序生态文明制度,制定科学可行的创建规划,树立公众生态文明理念"等任务。

(1)加强创建组织建设。区委、区政府高度重视创建工作,把"实施生态立区、建设绿色双台子"作为全区发展战略要求,按照"绿水青山就是金山银山,既要绿水青山也要金山银山"理念,强化组织领导,成立了区委书记、区长为组长的创建工作领导小组,形成了一把手亲自抓、分管领导具体抓、相关部门共同参与的工作体系,为创建工作提供了强有力的组织保障。建立目标责任制,将生态文明建设示范区创建工作纳入各级党委、政府绩效考核目标体系,实行一票否决;区委、区政府两办转发《盘锦市党政领导干部环境损害责任追究实施细则(试行)》,建立严格督查和责任追究制度,并出台多项措施,确保各司其职、各负其责,将创建工作抓细、抓实。

(2)科学制定规划,并确保规划落地实施。高度重视提高创建工作认识,区委组织部举办两期科级以上领导干部培训班,开展推进生态文明建设工作的专题培训、

集中学习;区环境保护局通过开展"4·22地球日"、"6·5环境日"、环保常识进社区、环保法律法规进企业等活动,提高全民创建工作认识,公众对生态文明建设的参与度达到94.6%,形成了人人参与创建的社会氛围。

2. 围绕规划目标、重点工程任务,狠抓落实,推进规划有效实施

创建工作领导小组对照创建考核要求的"生态制度、生态安全、生态空间、生态经济、生态生活、生态文化六大领域34项指标",以及体现区域特色增加的6项指标,采用技术措施,按照解决方案,积极推进创建工作有序开展,全面提高考核指标达标。

(1)三年多来,经过全区上下的共同努力,基本全面完成了生态环境部提出的生态制度领域6项、生态安全领域8项、生态空间领域2项、生态经济领域5项、生态生活领域8项、生态文化领域3项,共34项指标的考核要求;也完成了规划增加的6项指标的考核要求。主要体现在:在规划引领下,区委、区政府对生态文明建设任务进行全面部署,取得了环境空气优良天数比例,$PM_{2.5}$浓度下降幅度均完成上级规定的考核任务,保持稳定或持续改善;通过实施河长制,开展水环境治理,水环境质量目标考核综合评价良好,保持稳定或持续改善,目前没有黑臭水体;生态环境状况指数不降低且有提升;林草覆盖率增加,超过18%;生物多样性基本得到保护,外来物种入侵不明显;与盘锦京环环保科技有限公司签订协议,危险废物全部送其处置;开展土壤污染状况摸底调查采样检测,建立建设用地土壤污染风险管控和修复名录制度;建立突发生态环境事件应急管理机制;实现自然生态空间面积不减少,性质不改变,功能不降低;河湖岸线保护率达到管控目标;单位地区生产总值能耗、单位地区生产总值用水量分别完成上级规定的目标,保持稳定;单位地区生产总值用地面积下降率≥4.5%;秸秆综合利用率95.8%,畜禽养殖场粪便综合利用率98%,基本没有农膜污染;一般工业固体废物综合利用率≥80%;村镇饮用水卫生合格率100%;城镇污水处理率≥85%;城镇生活垃圾无害化处理率≥80%;农村卫生厕所普及率99.36%,完成上级规定的目标任务;城镇新建绿色建筑比例≥50%;全区实施生活废弃物综合利用。政府绿色采购比例≥80%;公众对生态文明建设的满意度95%。

(2)按照规划安排的重点工程任务,具体的时间表要求,全面推进生态体系工程。投入资金约14亿元开展重点工程建设,大力培育生态建设体系,保证了工程建设分期、分批得到落实,并有效地完成,得到了全区人民群众的称赞和认同。

3. 创建工作促进了社会、经济和环境协调发展,取得了显著的效益

双台子区创建国家生态文明建设示范区期间,社会经济工作坚持稳中求进工作总基调,围绕实现高质量发展目标,统筹推进稳增长、促改革、调结构、惠民生、防风险各项工作,全区经济保持平稳发展。2018年,全区地区生产总值实现162.7亿元,同比增长1.1%;全区居民人均可支配收入实现30540元,同比增长8.0%。通过创建规划项目的实施,全区的基础设施更加完善,城乡居民对生活环境的基本需求得到保障,社会事业实现健康有序发展;通过创建工作,三年来建立了生态环保建设投入保障机制,确保生态环保投入高于财政收入增长;通过大力推进生态文明建设,城

乡生态环境质量得到明显提升,公众对生态环境的满意度显著提高,城乡生态环境更加优美。

创建技术报告对照国家生态文明建设示范县市指标,得出:双台子区国家生态文明建设示范区规划目标基本实现,重点工程任务基本完成,基本达到了国家生态文明建设示范区创建考核要求,可以向上级主管部门申请对创建工作进行预审、核查。

附： 双台子区国家生态文明建设示范区 创建技术报告

第1章 总 论

1.1 创建工作背景

为贯彻落实党中央、国务院关于加快推进生态文明建设的决策部署,鼓励和指导各地以国家生态文明建设示范区为载体,全面树立"绿水青山就是金山银山"理念,积极推进绿色发展,不断提升区域生态文明建设水平,原环境保护部于2016年发布了《国家生态文明建设示范区管理规程(试行)》《国家生态文明建设示范县、市指标(试行)》。双台子区委、区政府积极响应国家环境保护部门的号召,2016年委托辽宁省环境科学研究院编制了《双台子区生态文明建设示范区建设规划(2016—2018年)》,并通过省生态环境厅专家组论证,经区人大常委会审议批准,区政府组织实施。2019年,根据《关于印发〈国家生态文明建设示范市县建设指标〉〈国家生态文明建设示范市县管理规程〉和〈"绿水青山就是金山银山"实践创新基地建设管理规程(试行)〉的通知》(环生态〔2019〕76号)文件要求,修编后实施《双台子区生态文明建设示范区规划(2016—2019年)》。

双台子区创建国家生态文明建设示范区,宗旨是持续深化生态文明建设工作,把生态文明建设纳入全区社会发展的"五位一体"总体布局,以生态文明建设为抓手积极推进绿色发展,实行更严格的环境监督管理,着力构建资源节约型、环境友好型社会,不断提升区域生态文明建设水平。

2019年,按照《国家生态文明建设示范市县建设指标》《国家生态文明建设示范市县管理规程》要求,经自查自检基本达到了国家生态文明建设示范区考核标准,并形成《双台子区国家生态文明建设示范区创建技术报告》。

1.2 创建指导思想

全面贯彻落实党中央、国务院关于生态文明建设总体部署要求,深入贯彻习近平总书记关于生态文明建设系列重要讲话精神,遵循"绿水青山就是金山银山""既要绿水青山,也要金山银山"的科学论断,牢固树立和贯彻落实"创新、协调、绿色、开放、共享"的发展理念。

依照《中华人民共和国环境保护法》,从落实环境保护基本国策的战略高度,以改善环境质量为核心,维护生态安全为目标,按照"山水林田湖草生命共同体"系统保护要求,牢固树立"创新、协调、绿色、开放、共享"发展理念,按照盘锦市委六届十一次全会和双台子区委七届十一次全会的具体要求,协调推进"四个全面"战略布局,坚持"四个着力",依靠"四个驱动",从全区生态文明建设顶层设计和具体实践的有机结合,以科学发展、和谐发展、赶超发展为导向,以转变经济增长方式、解决突出环境问题和改善生态环境质量为目标,以推动绿色发展、建设"两型社会"为工作重心,实现经济效益、社会效益、生态效益三者持续、健康、协调的发展为宗旨,把双台子区建设成为生态制度完善、生态安全保障、生态空间协调、生态经济发达、生态生活宜人、生态文化繁荣的美丽盘锦的人与自然和谐的现代生态滨河新城区。

1.3 创建目标和任务

为贯彻落实党中央、国务院关于加快推进生态文明建设的决策部署,2016 年,双台子区委、区政府根据国家生态文明建设的新形势、新要求,按照原环境保护部的工作要求,从全区生态文明建设实际情况出发,顶层编制了《双台子区生态文明建设示范区规划(2016—2018 年)》,规划以《国家生态文明建设示范县、市指标(试行)》和创新增加的 6 项特色指标,统一部署了全区全面推进生态文明建设工作的目标、任务和重点项目,提出了规划实施的保障措施。

规划目标是"以实现生态文明为奋斗目标,提出了全区生态文明战略,包括建立以法制、科学管理为保障的生态制度体系,以自然生态保障为基础的生态安全体系,以绿色安全为依托的生态空间体系,以循环高效为驱动的生态经济体系,以幸福宜居为准则的生态生活体系,以区域特色为标志的生态文化体系,全面协调全区社会、经济与生态环境之间的关系,达到国家生态文明建设示范区考核标准,使其在辽宁省生态文明建设中成为示范引领的先进样板"。具体任务上,结合双台子区自然环境、人文历史特色、当前发展状况,安排了总预算 14.921 亿元的 26 项建设工程,明确了工程建设实施的时间表。

2019 年,区政府按照《国家生态文明建设示范市县建设指标》《国家生态文明建设示范市县管理规程》和《"绿水青山就是金山银山"实践创新基地建设管理规程(试行)》要求,进行规划修编。

修编的《双台子区生态文明建设示范区规划(2016—2019 年)》提出的目标是

"全面贯彻党的十八大、十九大精神,以习近平总书记生态文明建设系列重要讲话为指导,认真落实党中央、国务院的决策部署,以生态区建设为载体,以国家生态文明建设示范区创建工作为契机,把生态文明建设融入经济建设、政治建设、文化建设、社会建设各方面和全过程。从全区生态文明建设实际情况出发,2019 年度双台子区国家生态文明建设示范区创建工作全面通过国家、省考核验收,力争获得国家生态文明建设示范区荣誉称号"。并结合前期创建工作情况和考核要求,以问题为导向和前期规划需要继续实施的重点工程,有针对性地安排了总投资 3210 万元的 15 项重点工程任务,为完成双台子区创建国家生态文明建设示范区的目标提供了坚实保障。

1.4 创建工作依据

1.4.1 相关法律法规

(1)《中华人民共和国环境保护法》(2014 年 4 月 24 日,全国人大常委会第八次会议修订)

(2)《中华人民共和国大气污染防治法》(2018 年 10 月 26 日,第十三届全国人大常委会修正)

(3)《中华人民共和国水污染防治法》(2017 年 6 月 27 日,第十二届全国人大常委会第二十八次会议修正)

(4)《中华人民共和国环境噪声污染防治法》(2018 年 12 月 29 日,第十三届全国人大常委会第七次会议修改)

(5)《中华人民共和国固体废物污染环境防治法》(2016 年 11 月 7 日,第十二届全国人大常委会第二十四次会议修改)

(6)《中华人民共和国野生动物保护法》(2018 年 10 月 26 日,第十三届全国人大常委会第六次会议修正)

(7)《中华人民共和国清洁生产促进法》(2012 年 2 月 29 日,第十一届全国人大常委会第二十五次会议修正)

(8)《中华人民共和国节约能源法》(2018 年 10 月 26 日,第十三届全国人大常委会第六次会议修正)

(9)《中华人民共和国循环经济促进法》(2018 年 10 月 26 日,第十三届全国人大常委会第六次会议修正)

(10)《中华人民共和国环境影响评价法》(2018 年 12 月 29 日,第十三届全国人大常委会第七次会议修正)

1.4.2　相关标准及条例、规范

(1)《环境空气质量标准》(GB 3095—2012)

(2)《地表水环境质量标准》(GB 3838—2002)

(3)《地下水质量标准》(GB/T 14848—2017)

(4)《土壤环境质量　农用地土壤污染风险管控标准(试行)》(GB 15618—2018)

(5)《土壤环境质量　建设用地土壤污染风险管控标准(试行)》(GB 36600—2018)

(6)《生活饮用水水源水质标准》(CJ 3020—93)

(7)《生活饮用水卫生标准》(GB 5749—2006)

(8)《城镇排水与污水处理条例》(2013 年国务院令第 641 号)

(9)《生活垃圾填埋污染控制标准》(GB 16889—2008)

(10)《生活垃圾焚烧污染控制标准》(GB 18485—2014)

(11)《一般工业固体废物贮存、处置场污染控制标准》(GB 18599—2001)

(12)《畜禽规模养殖污染防治条例》(2013 年国务院令第 643 号)

(13)《农村户厕卫生标准》(GB 19379—2012)

(14)《食用农产品产地环境质量评价标准》(HJ 332—2006)

(15)《温室蔬菜产地环境质量评价标准》(HJ 333—2006)

(16)《污染场地风险评估技术导则》(HJ 25.3—2014)

(17)《绿色建筑评价标准》(GB/T 50378—2014)

(18)《绿色产品评价通则》(GB/T 33761—2017)

(19)《节水型生活用水器具》(CJ/T 164—2014)

(20)《高效节能家电产品销售统计调查制度(试行)》(国家发展改革委〔2018〕5 号)

(21)《清洁生产审核办法》(国家发展改革委、环境保护部公告〔2016〕38 号)

(22)《生态环境状况评价技术规范》(HJ 192—2015)

(23)《规划环境影响评价条例》(2009 年国务院令第 559 号)

1.4.3　指导性文件

(1)《中共中央、国务院关于加快推进生态文明建设的意见》(2015 年)

(2)《生态文明体制改革总体方案》(2015 年)

(3)《国家生态文明建设示范区管理规程》(2019 年)

(4)《国家生态文明建设示范市县建设指标》(2019 年)

(5)《全国生态保护与建设规划(2013—2020 年)》(2014 年)

(6)《国家环境保护"十三五"规划基本思路》(2015 年)

(7)《大气污染防治行动计划》(2013 年)

(8)《水污染防治行动计划》(2015 年)

(9)《土壤污染防治行动计划》(2016 年)

(10)《中国生物多样性保护战略与行动计划(2011—2030 年)》(2011 年)

(11)《党政领导干部生态环境损害责任追究办法(试行)》(2015 年)

(12)《编制自然资源资产负债表试点方案》(国办发〔2015〕82 号)

(13)《国家突发环境事件应急预案》(国办函〔2014〕119 号)

(14)《中华人民共和国政府信息公开条例》(国务院令第 711 号)

(15)《环境信息公开办法(试行)》(国家环境保护总局令第 35 号)

(16)《企事业单位环境信息公开办法》(环境保护部令第 31 号)

(17)《国务院关于加快发展循环经济的若干意见》(国发〔2005〕22 号)

(18)《节能减排综合性工作方案》(2012 年)

(19)《国务院办公厅关于开展资源节约活动的通知》(国办发〔2004〕30 号)

(20)《节能产品政府采购实施意见》(财库〔2004〕185 号)

(21)《环境标志产品政府采购实施意见》(财库〔2006〕90 号)

1.4.4 地方性文件

(1)《辽宁生态省建设规划纲要(2006—2025 年)》(2006 年)

(2)《辽宁省主体功能区规划》(2014 年)

(3)《辽宁省国民经济和社会发展第十三个五年规划纲要(2016—2020 年)》(2016 年)

(4)《辽宁省"十三五"节能减排综合工作实施方案》(辽政发〔2017〕21 号)

(5)《中共盘锦市委关于加快推进生态文明建设的意见》(2015 年)

(6)《盘锦市城市总体规划(2011—2020 年)》(2011 年)

(7)《双台子区国民经济和社会发展第十三个五年规划纲要(2016—2020 年)》(2016 年)

(8)《双台子区土地利用总体规划(2006—2020 年)》(2006 年)

(9)《双台子区旅游发展总体规划(2015—2025 年)》(2015 年)

(10)《双台子区城建环保十三五年计划(2016—2020 年)》(2016 年)

(11)《双台子区十三五农业发展专项规划(2016—2020 年)》(2016 年)

(12)《双台子区水利十三五规划(2016—2020 年)》(2016 年)

(13)《双台子区 2018 年国民经济和社会发展统计公报》(2019 年)

(14)《盘锦市环境质量报告书》(2016 年度、2017 年度、2018 年度)

(15)盘锦市双台子区 2016 年、2017 年、2018 年统计数据

1.5　规划期限与范围

规划继续以 2018 年为基准年,规划期为 2016—2019 年。规划空间范围为双台子区行政管理下辖的 6 个街道、2 个镇,包括 32 个社区、18 个村,见图 1-1,土地面积 118 平方公里。

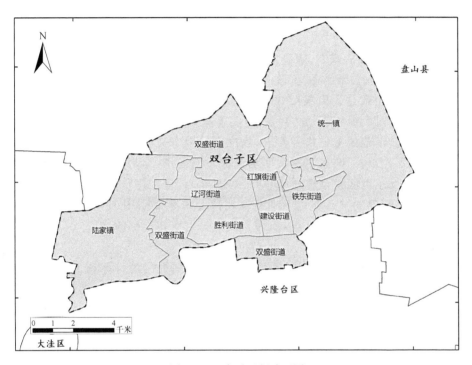

图 1-1　双台子区行政区图

第 2 章　创建工作分析与主要安排

双台子区开展创建国家生态文明建设示范区工作以来,区委、区政府举全区之力,广泛动员全区人民群众,在辽宁省、盘锦市环境保护主管部门的指导和关怀下,全区上下积极落实规划提出的工程任务,紧紧围绕本区生态环境质量实质性改善和国家级生态文明建设示范区考核验收要求全面展开。目前,基本达到《国家生态文明建设示范市县管理规程》的要求:市县建设规划发布实施且处在有效期内;相关法律法规得到严格落实;党政领导干部生态环境损害责任追究、领导干部自然资源资产离任审计、自然资源资产负债表、生态环境损害赔偿、"三线一单"等制度保障工作按照国家和省级总体部署有效开展。

2.1 生态制度领域工作分析与主要安排

确保创建工作完成,达到考核验收及生态文明建设的有关要求,全区对创建规划提出的生态制度领域方面的目标、工程任务,积极安排、全面落实,基本完成以下工作任务。

指标 1:编制并实施规划,明确创建工程任务并适时调整

2016 年以来,双台子区委、区政府积极响应原环境保护部、辽宁省环境保护厅的号召,在"绿水青山就是金山银山""既要绿水青山,也要金山银山"科学论断的指导下,树立"创新、协调、绿色、开放、共享"的发展理念,立足区域生态环境基础,瞄准国家生态文明建设示范区考核指标要求,找准区域生态文明建设的根本问题,从顶层设计、统筹谋划,启动了国家生态文明示范区建设工作,编制并实施了《双台子区国家生态文明建设示范区建设规划(2016—2018 年)》,旨在深化全区生态文明建设的顶层设计,通过创建工作实践,成为生态文明建设的排头兵,让良好的生态环境成为经济社会持续健康发展的支撑点,成为人民幸福生活获得感的增长点,成为展现城市建设发展良好形象的闪光点。

三年来,全区生态文明示范区创建工作按照规划提出的目标和工作任务,从实践层面针对生态文明建设中存在的问题和不足,以内容丰富、针对性强,力度最大、措施最实,推进最快、成效最好的实践行动,积极推进生态文明建设,加快建立完善的生态文明制度体系,取得了较大的成果,到 2018 年,规划重点工程完成率达到80%以上,得到了全区人民群众的称赞和认同。

同时,双台子区创建工作鉴于国家生态文明建设示范市县建设指标的修订,对已经实施的规划进行修编,以适应国家生态文明示范区建设工作的新要求。修编完成的《双台子区国家生态文明建设示范区规划(2016—2019 年)》,在创建重点项目任务、时间安排方面提出了具体的新要求,全面地指导和深入地推进全区生态文明建设示范区创建工作的开展。

指标 2:区委、区政府全面部署生态文明建设目标、重大任务,推进工程任务落实

为全面整体推进双台子区生态文明建设示范区创建工作,区政府成立了国家生态文明建设示范区创建领导小组。领导小组由区委、区政府主要领导任组长,各职能部门主要领导为成员,统一领导和组织全区国家生态文明示范区建设的各项工作和任务,协调资源配置,运用行政手段,确保规划落实。

领导小组办公室负责组织实施规划提出的具体任务,处理日常具体事务。政府各责任部门、乡镇设专人负责建设工作的任务督办、信息通报、资料整理汇报等。

领导小组办公室先后出台了《双台子区各级人民政府主要领导生态文明实绩考核方案》《双台子区党政领导干部生态环境损害责任追究办法》等管理制度,制定了《双台子区国家生态文明建设示范区创建工作实施方案》《双台子区生态建设专项行动计划》等工作计划,编写了《双台子区生态文明建设道德规范》《双台子区建设公民行为手册》,在区政府网站设立了"环境保护""生态文明"专栏。形成了全区上下创建工作有组织、任务有落实、人人知晓的良好环境。

指标 3：建立创建实绩考核制度,形成上下共同推进工作的良好局面

创建过程中区创建领导小组针对建设规划提出的具体工作内容和要求,连续三年实行《双台子区直属部门、街镇、社区领导班子工作年度实绩考核实施方案》的目标责任制。

方案主要从制定创建年度计划,分解落实建设任务,明确责任单位、责任个人,由区政府与相关责任单位签订目标责任书,确保各项工作和任务的组织落实、任务落实、措施落实;区、街镇政府和责任部门必须将把生态文明示范区建设规划纳入政府经济和社会发展的长远规划和年度计划,把生态文明示范区建设的各专项职能列入日常工作内容中,在年度政府工作报告中得到体现等方面,提出了具体考核要求。

创建领导小组和组织部门组成考核办,统一对领导干部进行绩效考核。考核内容包括生态文明示范区建设指标、地方生态环境评价指标、重点地区和项目及其资金的落实情况。并将考核结果纳入综合考评体系,根据年度考核结果优劣,实施奖罚。

区绩效办依据《双台子区关于加快推进生态文明建设的意见》《双台子区生态建设专项行动计划实施方案》,将生态文明建设指标纳入区绩效考核体系之中,指标分占总分的 28 分,占比 28%。

指标 4：全面实施河长制,大力提升水环境质量

创建过程中全区深入贯彻落实中共中央办公厅、国务院办公厅《关于全面推行河长制的意见》要求,按照《盘锦市实施河长制工作方案》要求,结合实际,全面开展河长制工作。现以确定区属总河长、河长,同时确定各级河段长的相应职责;成立河长制办公室,以水利局局长担任办公室主任,财政、国土、环保等相关责任单位各派一名副职任副主任;抽调业务人员开展河长制日常工作,保证河长制工作有效开展。

"河长制"工作开展以来,全面推进河长制工作方案制定和实施,切实履行"河长制"职责。根据市河长办的总体要求,区河长制工作实施方案于 2017 年 6 月出台,设立总河长 2 人、副总河长 4 人、河(段)长 16 人,同时成立河长制办公室,正常运行并履行职责;街镇级河长制工作实施方案在 9 月初制定并落实,拓展了河长制管理范围,细化延伸了河道流域管理层次,分级分段管理,明确了责任区域,加强日常监督,由二级河长延伸至村(社区)三级河长,实现了区、街镇、村(社区)三级"河长制"管理体系。

2017年6月以来,陆续建立了河长会议制度、信息共享和报送制度、工作督察制度、部门协调和上下联动机制、验收制度、考核问责与激励机制等六项制度。制度实施后,各级河长认真履行职责,部门协调联动,在河道管理保护涉及的日常维护、监管、执法等方面,开展了多种形式的专项行动。全面夯实工作基础,加强河道治理保护,创新机制,广泛发动引导公众参与,开创了河道管理新模式,工作取得了阶段性成效。

指标5:公开环境信息,促进公众知晓和积极参与

创建过程中在区政府网站设置环境保护、生态文明两个专栏,主动公开相关环境信息。两个专栏广泛宣传了生态文明示范区创建工作情况,并按照《中华人民共和国政府信息公开条例》(国务院令第711号)、《环境信息公开办法(试行)》(国家环境保护总局令第35号)要求,全面公开企事业单位环境信息、污染源环境监管信息、国家重点监控企业污染源监督性监测及信息等。

2016年以来,累计公开相关环境信息387条,公开率为100%。保障了公众环境知情权,促进环境决策的民主化和科学化。

指标6:依法开展规划环境影响评价,源头防治环境问题

根据《中华人民共和国环境影响评价法》,双台子区政府近三年来对《辽宁盘锦精细化工产业园区建设规划》《盘锦市陆家工业园建设规划》等重大专项规划,从"规划实施可能对相关区域、流域生态系统产生的整体影响;可能对环境和人群健康产生的长远影响;经济效益、社会效益与环境效益之间以及当前利益与长远利益之间的关系"等方面进行了规划环境影响评价,并依据评价结论对规划进行了一些调整与完善。

2.2 生态安全领域工作分析与主要安排

确保创建工作完成,达到考核验收及生态文明建设的有关要求,全区对创建规划提出的生态制度领域方面的"生态环境质量改善,生态系统保护,生态风险防范"目标、工程任务,积极安排、全面落实,基本完成以下工作任务。

指标7:对照省市考核任务,进一步提升环境空气质量

创建过程中全面落实《辽宁省委、辽宁省人民政府关于加强大气污染治理工作的实施意见》,按照《盘锦市委、盘锦市人民政府印发关于加强大气污染治理工作实施法案的通知》(盘委发〔2016〕3号)具体要求,制定并下发《双台子区关于加强大气污染治理工作实施方案》,将具体工作任务、内容和完成时限等相关要求落实到相关责任单位和部门。

经过努力,全区加快能源结构调整步伐,实施高效集中供热、实施绿色交通,加强施工场地扬尘监管、工业企业燃煤锅炉及化工企业VOCs治理等污染治理工程,特别是2017年开展的全区企业风险排查专项行动,极大促进了全区环境空气质量的改善。2016 年以来,开展的重点工作情况如下。

(1)集中力量攻坚重点项目。对省政府下达的治理项目实施跟踪督办,市政府与区政府签订的《蓝天工程及"十二五"污染减排目标责任书》中大气治理项目已全部完成,实现减排二氧化硫 2750.1 吨、氮氧化物 478.5 吨。

(2)实施高效一体化供热工程。狠抓重点项目建设,双台子热力有限公司的 607 万平方米供热系统全面建成运行,实现高效集中供暖;淘汰建成区小锅炉 43 台;开展气化农村工作,覆盖率 95%,建成调压室(箱、柜)47 座共铺设天然气管线 170 公里,房檐管 97 公里,入户安装 4546 户,开栓送气 4546 户,普及率达到 88%,实际完成投资 8152 万元。区域内盘锦市第二出租汽车服务有限公司、腾跃出租客运公司、汽车四队三家企业的 813 台出租汽车全部为燃气出租车,气化率达到 100%,车辆尾气检测合格率达到 100%。推进公共交通气化,全区液化天然气(LNG)公交车比例达到 100%。

(3)狠抓城市全覆盖工程。严格落实《辽宁省扬尘污染防治管理办法》,进一步提高城市精细化管理水平,加强建筑施工场地、大型煤堆、料堆、道路、渣土运输车辆的扬尘监管,综合整治城市扬尘。建筑工地施工扬尘控制。辖区现有在建工程水榭春城、辽河左岸、泰为五金汽配城、绿地、中珠养老院、四季城四期、吉祥三期、长征小区、宏伟小区共 9 家。目前已全部采取了工地进出场设置车辆冲洗设备,确保对每辆出场车辆进行冲洗;对于场区的道路每日进行水淋,对于现场扬尘堆料采取全覆盖;要求运输车辆全部采用密闭措施,坚决杜绝沿途滴漏和带泥上路,共查处无覆盖运输车辆 300 余台。结合清扫保洁机械化实际情况,在城区街道实行了以水扫车为主,人工清扫为辅,新增机扫车 5 台大幅度增加了道路除尘。加大了对混凝土搅拌站扬尘控制,对 5 家混凝土搅拌站下达整改通知,要求其严格落实粉料仓除尘、料场全封闭、车辆冲洗要求。对容易造成扬尘的物料堆场,要求建设封闭式储存设施,安装喷淋抑尘装置。

(4)实施绿色交通工程。加大黄标车淘汰力度,城市核心区已经划定了黄标车禁行道路和范围,利用公安电子监控系统查处违规车辆。全区已经推广供应国五标准汽油、柴油。

(5)加强秸秆综合利用和禁烧。区政府出台了《农作物秸秆禁烧工作方案》,建立了最严格的秸秆焚烧防控长效机制,建立了区镇村三级级联防机制和责任人制度,将工作目标和责任层层落实,建立疏堵结合的长效机制,实施全覆盖监管秸秆焚烧。2016 年区政府下发了《关于进一步加强秸秆禁烧工作的通知》,要求秸秆禁烧期间,各镇、涉农街道对辖区内秸秆禁烧工作负总责,各有关部门要加大人力、物力、财力投入,全面加强日常巡查和现场检查,及时制止焚烧秸秆行为。区环境保护部门负责对重点常规环境执法监察内容,加大督办力度,逐步实现秸秆禁烧的规范化管理。不定期区域巡查,一旦发现秸秆焚烧行为,坚决予以查处。截至 2018 年底,共查处 6 处露天焚烧秸秆行为,对 3 名当事人进行了行政处罚,每人罚款人民币 2000 元。

对另外 3 处露天焚烧秸秆,予以通报批评。

(6)加强重点行业监管。全面开展重点行业大气污染专项执法检查,排查全区燃煤锅炉污染物排放达标情况,对 1 家大气污染物不达标的企业,下达限期治理通知并予以处罚,处罚金 3 万元。开展了 VOCs 污染源摸底排查,督促北方戴纳索合成橡胶有限公司、辽宁北化鲁华化工有限公司完成了漏洞检测与修复工程;完成区属 6 家加油站油气回收装置安装工程。完成了 20 吨及以上燃煤锅炉脱硫脱硝改造及安装烟气自动监控设施工程;双台子热力有限公司 4 台 100 蒸吨、1 台 48 蒸吨锅炉,盘锦生源热力有限公司 2 台 100 蒸吨、1 台 90 蒸吨锅炉全部安装了除尘、脱硫装置,烟尘、二氧化硫、氮氧化物排放均达标。双台子热力有限公司燃煤锅炉烟气自动监控设施已经安装完毕,并与市环境保护局的设施联网,目前运行平稳、正常。盘锦生源热力有限公司燃煤锅炉烟气自动监控设施已经安装完毕,正在申请市局联网。

(7)完善重污染天气预警体系建设。成立区重污染天气应急指挥部,重新修订完善了《双台子区重污染天气应急预案》,划定了各相关部门任务分工及职责,确定了双台子区重污染天气限排企业名单。在盘锦市出现重污染天气期间及时发布了重污染天气预警,并对重点企业进行了限产限排。

2018 年,大气污染防治重点任务完成情况如下。

(1)产业结构调整优化。区域产业布局调整,制定印发了《关于开展盘锦精细化工产业开发区建设问题专项整治行动方案》,统筹谋划,高标准完成开发区发展规划,并通过市级以上生态环境部门的规划评估,严格资源节约和环境准入门槛,完善环境动态监测系统,建立环境风险预警机制,不断提升全区的环境风险防范水平和应急处理能力。

(2)散乱污企业集中综合整治。按照《双台子区集中整治"散乱污"企业专项实施方案》要求,严格按时间节点全面排查、分类整治、依法依规、限期整改到位,确保完成"散乱污"企业集中整治工作。经区经信局、环保局等相关部门共同确认,有 12 家企业属于"散乱污"企业。经区政府决定,对 12 家"散乱污"企业进行关停取缔,并下发了关停文件。整治过程中,已对照"散乱污"企业名单建立了台账,对整治工作相关文件和影像资料进行梳理归档,做到全程留痕、有据可查。目前 12 家"散乱污"企业已全部停产,其中 7 家已完成取缔(6 家塑料加工厂和江雁秸秆加工厂)。下一步加大取缔力度,确保按时完成取缔工作。

(3)工业污染源达标排放整治。按照《关于开展 2018 年工业污染源全面达标排放计划工作的通知》要求,区环境保护局对相关企业进行调度,并上报了《双台子区工业污染源全面达标排放评估、整治情况进度表》,按市局要求完成 12 家企业的污染源全面达标评估工作;有 22 家企业已完成污染源全面达标评估报告,对评估报告中提到的问题,区环境保护局督促各企业积极整改。

(4)调整优化能源结构。重点区域煤炭消费总量控制:严格执行新建项目煤炭减量替代制度,目前双台子区内无 30 万千瓦以下燃煤机组。提高能源利用效率:严格实行新建项目节能评审制度,禁止新建钢铁、水泥、电解铝、平板玻璃等高耗能、高污染项目。燃煤锅炉综合整治:2018 年淘汰燃煤锅炉 17 台,总计 122.79 蒸吨/小时,完成考核要求比例 170%。发展清洁能源和新能源:鼓励支持光伏发电及新能源项目建设,2018 年备案光伏发电项目 1 项,推进京环科技垃圾焚烧发电项目审批。高效一体化供热:支持区内供热企业与华锦集团加强蒸汽余热利用,实现能源高效利用。

(5)优化运输结构,加强机动车污染防治。油品质量升级,双台子区 2018 年全面供应符合国家第五阶段标准的车用汽油、柴油。2019 年将按照省政府要求时间启动油品升级。

(6)优化调整用地结构。扬尘综合治理,严格落实《辽宁省扬尘管理办法》,加大扬尘污染管控力度,对不符合扬尘控制要求的立即停工整顿,依法严肃处理,同时强化停工工地落实覆盖等抑尘措施。一是开展建筑工地整治专项行动。建筑工地全部做到工地周边围挡、物料堆放覆盖、土方开挖湿法作业、路面硬化、出入车辆清洗、渣土车辆密闭运输"六个百分之百"。二是加强运输扬尘督查,杜绝运输车辆沿途泄漏、遗撒,查处遗撒等渣土运输车辆 13 辆,共计罚款 5.2 万元。三是加强道路保洁,城区内所有道路必须全面实施湿式清扫,主要道路每天最少洒水两次,遇到大风天气,加大频次,机械化降尘清扫率持续保持在 85% 以上。四是加强工业堆场监管,所有工业堆场必须实施洒水控尘,同时全面清查大型工业企业的物料、煤炭堆场,确保各项扬尘控制措施落实到位。五是以 2017 年整治成果为基础,持续开展了餐饮业污染专项整治工作,切实解决餐饮业油烟污染,确保餐饮油烟整治工作快速、有效推进,目前全区 857 家餐饮店已经完成油烟净化器安装并保证运行正常。

(7)秸秆综合利用。①加强领导,分工合作:成立了以分管农业副区长为组长,各涉农街道、镇主要领导和区直相关部门为成员的领导小组。以街镇为主体,成员部门各司其职,分工合作,把秸秆综合利用工作纳入绩效考核,切实加强此项工作的领导。②强化宣传,杜绝焚烧:利用广播、条幅、网络、手机等宣传媒体,多层次、多角度开展秸秆综合利用宣传活动。大力宣传秸秆综合利用的经济、社会和生态效益,营造推进秸秆综合利用的良好舆论环境。各村都张贴条幅,宣传露天秸秆焚烧的严重危害,增强广大农民环保意识。③鼓励低茬,政府扶持:2018 年在鼓励水稻秸秆收割低于 10 厘米的前提下,还出台了秋翻补助的扶持政策。各村秋翻耕地每亩补助 30 元翻地补助款,不足部分由各街镇、村配套,基本做到所有耕地深翻,切实加强了秸秆还田的成效,提高了秸秆综合利用率。④定期检查,督导问责:按照省政府提出的"属地管理、源头控制、禁烧结合、以禁促用"的要求,建立考核机制,健全考核奖惩办法,由区委督查室定期对秸秆综合利用情况进行督导反馈,建立了各涉农街镇为单位、村为基础、村民组为单元的网格化管理责任体系。区农经局定期对秸秆综合利用工作监督、检查,对不按照规定管理焚烧现象及时上报相关部门，严肃处理。经统计，2018年秸秆综合利用量为2.16万吨，综合利用率为90%。其中肥料化利用1.06万吨，占比49%；燃料化利用0.8万吨，占比37%；原料化利用0.3万吨，占比14%。

（8）有效应对重污染天气。按照市政府统一要求，重新修订《双台子区重污染天气应急预案》，对重污染天气限产限排企业名单进行完善，细化了减排措施，增强预案可操作性。强化重污染天气期间环境监管力度，对应急响应期间偷排偷放、屡查屡犯的企业，依法责令其停止生产，并实施上限处罚。辖区内各大气重点排放企业均制定了重污染天气应对方案并上报区环境保护局备案，按照市环境保护局要求开展重污染天气演练一次。2018年，未出现启动重污染天气应急预案的天气情况。

（9）加强支撑和能力建设。资金投入，累计投入大气污染治理资金4300万元，目前全部为企业自筹。其中，辽宁霍锦碳素有限责任公司烟气脱硫提标改造项目，投入资金1800万元；双台子热力有限公司烟气脱硫提标改造、封闭煤库、灰渣库项目，投入资2500万元。落实各方责任，加强组织领导，明确大气污染防治任务，形成了政府相关部门共同监管、工作任务具体的网格化环境监管制度体系；严格目标考核制度，明确目标任务，与各责任单位签订了目标责任书，纳入年底考核，切实强化各部门责任落实。重点排污企业信息、新建项目环评审批等环境信息均在区政府网站予以公示。

2017年、2018年的大气污染天数评价，使用盘锦市环境监测站设立的监测点位数据。2018年，PM$_{10}$低于68微克/立方米、PM$_{2.5}$低于38微克/立方米，优良天数比例高于78%。全年环境空气质量达标率为81.9%，PM$_{10}$、PM$_{2.5}$年均浓度为51微克/立方米、31微克/立方米，符合质量二级标准；优良天数比例为81.9%，提高幅度为5.4%；重污染天数比例下降幅度为1.1%，环境空气质量综合指数位居全市第一。通过统计数据分析，可以进一步得出环境空气质量有一定的提升，见表2-1、表2-2。

表2-1　双台子区2016—2018年环境空气监测数据（年均）

单位：微克/立方米

年份	PM$_{2.5}$	PM$_{10}$	SO$_2$	NO$_2$
2016	40	67	27	28
2017	31	57	40	21
2018	31	51	31	24
执行标准 GB 3095—2012	35	70	60	40

表 2-2　双台子区 2016—2018 年环境空气质量天数

年份	有效监测天数	达标		轻度污染		中度污染		重度污染		严重污染	
		天数（天）	比例（%）	天数（天）	比例（%）	天数（天）	比例（%）	天数（天）	比例（%）	天数（天）	比例（%）
2016	366	280	76.5	61	16.7	18	4.9	7	1.9	0	0
2017	365	276	79.3	69	19.8	17	4.9	3	0.9	0	0
2018	354	281	81.9	58	16.4	12	3.3	3	0.8	0	0
2018 与 2016 比较	—	提高 1	提高 5.4	下降 3	下降 0.3	下降 6	下降 1.6	下降 4	下降 1.1	—	—

指标 8：完成省市考核任务，水环境质量保持基本稳定

双台子区境内共有 4 条河流 3 条干渠，河道总长 79 公里，分别是辽河双台子段、小柳河、一统河、太平河、双绕引水总干渠、西绕引水总干渠、沟盘运河。其中辽河双台子段位于南部，东起西绕总干渠，西至陆家与新生交界，河道全长 19.64公里，河道平均宽度 1.5 公里；小柳河为辽河支流，东起西绕总干渠，西至小柳河口，河道平均宽度 110 米，河道全长 6 公里；一统河、太平河为汇入辽河的支流河，均属排干类河，流经双台子区段长均为 13 公里；其他 3 条干渠主要用来农田灌溉，见图 2-1。

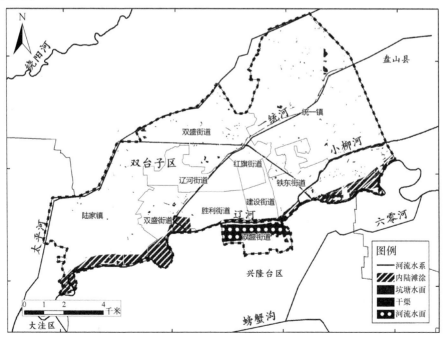

图 2-1　双台子区河流、干渠图

创建期间,地表水环境质量提升工作按照市级河长制工作要求,以河流为单位设立了区、街镇、村三级河长体系,其中设区级总河长 6 人、街镇级总河长 27 人、村、社区级河长 33 人、水管员 33 人,按时完成编制河长制巡查、联席会议、河长信息报送、河长制考核等一系列规章制度,进一步规范了河长制工作,积极开展巡河工作。明确了总河长、河长工作职责,河长巡河发现问题及时建立问题台账。目前为止累计区级巡河 88 次,街镇级巡河 389 次,村、社区级巡河 968 次。具体做法如下。

(1)开展河道垃圾专项行动。为了更好地推进河长制顺利开展,全区通过了省级河道垃圾清理专项行动工作验收,内外业考核均得满分。河道垃圾清理专项行动,共清理垃圾总量 889.5 立方米,其中累计清理水面漂浮物 380 立方米,沉积建筑垃圾 76 立方米,弃渣、垃圾 4335 立方米;清理小开荒 300 余亩,清理稻田螃蟹围布 18000 多米,清理私自搭建窝棚 3 处,清理堤顶杂草 5100 多米,清理河道内的地笼子 290 个。采取人工清理洒水车冲洗方式,清理混凝土迎水坡 17000 余平方米。共出动人员 154 人,4620 余人次;租用各类车辆共 48 台,其中挖掘机 2 台,铲车 1 台,运输车辆 44 台,洒水车 1 台;渔船 5 条,共计 536 台班。清理后河道环境质量提升效果显著,达到了水清、岸绿的基本目标。

(2)开展“清四乱”专项行动。全区有 4 河 3 渠涉及“清四乱”要求,第一阶段“清四乱”集中专项工作共清理保护区垃圾 265 立方米,打捞水面漂浮物 126 立方米,清理小开荒 100 余亩,清理稻田螃蟹围布 4000 多米,清理河岸旱厕 5 处,渔网 150 余块。出动宣传车辆 3 辆、清网渔船 3 艘,发放传单 1000 余张,张贴通告 150 张,出动挖掘机械 10 台次,运输车辆 32 台次。

(3)开展河长制宣传工作。根据市级要求,2018 年区河长办增设公示牌 54 块,其中已在 4 河 3 渠 1 湖的重要节点、醒目位置设置区级公示牌 21 块,镇街级公示牌 33 块。公示牌明晰了河湖名称、起止点、长度、整治目标、监督电话。为了更好地宣传河长制,使河长制在群众心中扎根,河长办与各街镇在人群密集的地点共悬挂 20 多条宣传条幅,经过大力度的宣传,得到了社会各界人士的认可,并积极加入到河湖环境保护与清理工作。

全区通过建立畜禽粪便废水处理设施、规范水产养殖和合理施用农药,控制农业面源污染;通过全面提高城市污水处理水平、完善污水处理厂配套管网工程建设等措施,有效控制城镇生活污水排放;通过推行清洁生产,在重点企业安装水质在线监测设备,严格削减工业源污染物排放量,大力改善地表水环境质量。

双台子区内的辽河双台子段、小柳河、一统河、太平河的各监测断面执行《地表水环境质量标准》(GB 3838—2002),其中辽河双台子段监测断面设置在曙光大桥,属国控监测断面;一统河、小柳河的监测断面分别设置在中华路桥、丁家柳河桥,均为省控断面,水域功能均为Ⅳ类;太平河监测断面设置在新生桥,为省控断面,水域功能为Ⅴ类。

2018年,辽河盘锦全河段及各断面中(入境断面兴安、控制断面曙光大桥、出境断面赵圈河)水质均符合Ⅳ类功能区标准,水质状况均为轻度污染。曙光大桥断面的主要污染指标为化学需氧量、五日生化需氧量和氨氮。监测指标中,化学需氧量浓度年均值符合Ⅴ类标准,超过功能区标准0.01倍;高锰酸盐指数、五日生化需氧量、氨氮和总磷均符合Ⅳ类标准。枯、丰、平3个水期中,曙光大桥断面水质各水期均符合Ⅴ类标准,水质无明显变化。

小柳河的化学需氧量浓度年均值符合Ⅴ类标准,超过功能区标准0.03倍,五日生化需氧量和石油类均符合Ⅳ类标准,高锰酸盐指数、氨氮和总磷符合Ⅲ类标准。

一统河的化学需氧量浓度年均值符合Ⅴ类标准,超过功能区标准0.05倍,高锰酸盐指数、总磷和石油类均符合Ⅳ类标准,五日生化需氧量和氨氮符合Ⅲ类标准;螃蟹沟总磷浓度年均值劣于Ⅴ类标准,超过功能区标准0.25倍,化学需氧量和氨氮符合Ⅴ类标准,高锰酸盐指数、五日生化需氧量和石油类均符合Ⅳ类标准。

太平河的化学需氧量浓度年均值劣于Ⅴ类标准,超过功能区标准0.02倍,五日生化需氧量和氨氮均符合Ⅴ类标准,高锰酸盐指数、总磷和石油类均符合Ⅳ类标准,见图2-2。

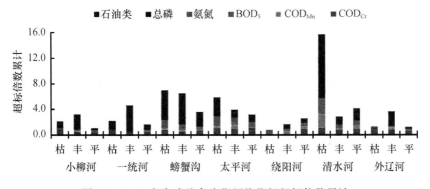

图2-2 2018年各支流各水期污染指标超标倍数累计

地下水质量情况:2017年前,盘锦市有4个水源地均属地下水开采,水质较好。随着近几年全市逐步实施大伙房水库供水工程,辽河油田地区居民日常供水全部由地表水源替代,辽河油田供水公司管理的兴一、兴南、盘东等水源属于计划封闭的水源,省生态环境厅等省直五部门已经完成了兴一、兴南、盘东等水厂、大洼水源部分水井关闭的现场确认工作。同时节水工作力度加大,减少开采量,地下水局部水位有所回升。

2018年,盘锦市地下水监测共设51眼地下水井,监测井分布在盘山县、大洼区,执行《地下水质量标准》(GB/T 14848—2017),双台子区没有监测井分布。全部51眼监测水井的水质基本达标,总体良好。其中仅有11眼监测井水质的铁、锰、色、臭和味、浑浊度存在较小范围的超标现象。

水环境质量整体评价,2017 年度,盘锦市参加《辽宁省水污染防治行动工作方案》实施情况考核,水环境质量目标完成情况综合评价等级为:良好。2018 年,双台子区没有黑臭水体。

指标 10:开展生态恢复工程,生态环境状况指数有较大提升

双台子区生态环境质量状况评价采用盘锦市生态环境质量报告书的结论。数据显示,盘锦市每年进行 1 次生态环境质量状况评价,土地利用/覆被数据由省环境监测站统一分发,每年以县和市区为评价单元,共计 3 个评价单元。由于数据获取的原因,这次生态环境状况分析为 2017 年的状况。

2017 年,盘锦全市范围生态环境状况指数为 65.7,生态环境质量总体状况为良。其中,2 个市区的生态环境状况指数为 52.8,生态环境质量状况为一般,植被覆盖度中等,生物多样性一般水平,较适合人类生存,但有不适合人类生存的制约性因子出现。大洼区环境状况指数为 67.0,盘山县为 66.3,生态环境质量状况均为良,生物多样性较丰富,适合人类生存,见图 2-3。

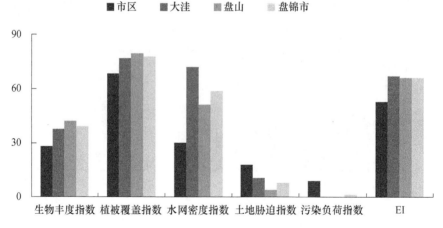

图 2-3　2017 年盘锦市生态环境质量指数

将双台子区 2017 年的 EI=52.8 与 2016 年的 EI=49.8 对比,提升 3.0 个百分点。可以得出:双台子区的生态环境质量指数在创建国家生态文明示范区的三年里没有降低,且取得了有较大提升的成果。

考虑双台子区作为盘锦石油工业城市的建成区,由于长期以来城市发展导致全区土地利用类型中耕地、林草地和水域(湿地)的面积比例小,建设用地较大,在历年的省级评价生态环境质量评价中一直是土地胁迫指数的关键影响因子,且对总体评价贡献较大;加之近三年,国家能源局《大庆油田有限责任公司等 16 个油气田公司 2017 年油气田开发产能建设项目备案》中的辽河油田新开发建设项目,纳入到《盘锦市土地利用总体规划(2006—2020 年)调整方案》确定的规划重点基础设施建设项目一览表中,同时纳入《双台子区土地利用总体规划(2006—2020 年)调整方案》的重点建设项目清单,有数量较多的油井、井场和管线、道路重点建设项目占用土地,也加剧了土地胁迫指数的贡献率,严重制约着生态环境质量状况的提升。

再有,参考双台子区周边"以农村生态环境区域为基础考核的盘山县、大洼区的 EI 分别为 66.3、67.0,生态环境质量状况均为良,生物多样性较丰富,适合人类生存的情况"的结果,可以推测:双台子区陆家镇、统一镇作为紧邻盘山县、大洼区的农村区域,其生态环境状况客观上应该与其相似,生态环境状况指数能够达到 60 以上,见图 2-4。

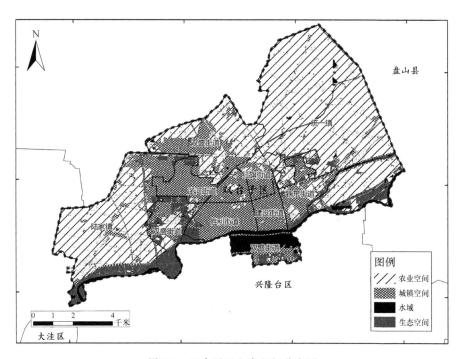

图 2-4 双台子区生态空间分布图

因此,综合考察双台子区在创建工作中,虽然通过多方面努力已经使得 EI 指数提升 3 个百分点,但根据双台子区创建工作的实际情况,需要将其纳入生态文明示范区持续建设的重点任务。

指标 11:建设美丽乡村,林草覆盖率有较大提高

创建工作实施三年来,全区通过宜居乡村和美丽乡村建设,大力开展城乡绿化工作。围绕村屯绿化、园区绿化、沟渠绿化、道路绿化等工程,以"栽满栽严"为原则,不断增加绿量,林草覆盖率不断提高。2018 年,全区林草覆盖面积达到 21.48 平方公里,林草覆盖率为 18.2%,见表 2-3、图 2-5。

表 2-3　双台子区 2016—2018 年林草覆盖率

类别	2016 年	2017 年	2018 年
全区林草覆盖面积(平方公里)	22.32	22.82	21.48
全区国土面积(平方公里)	128	128	118
林草覆盖率(%)	17.4	17.8	18.2
考核标准	林草覆盖率≥18%		

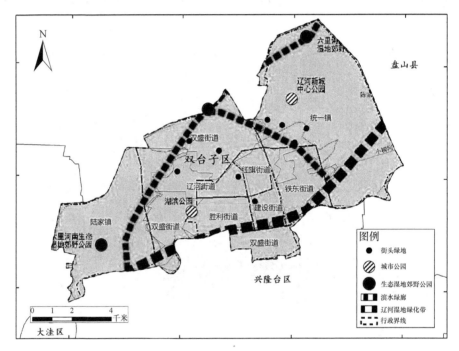

图 2-5　双台子区绿地分布图

指标 12:加强防治结合,区域生物多样性得到有效保护

双台子区生态环境是以城市环境为主体的盘锦市的 2 个建成区之一。虽然处于候鸟迁徙通道的重要节点,鸟类资源丰富,但是根据盘锦市生物资源调查结果显示,区内没有国家重点保护野生动植物分布,没有特有性或指示性水生物种分布,仅有豚草、美国白蛾常见的 2 种外来物种入侵。

创建期间,全区积极开展区域生物多样性宣传教育活动,充分利用电视、广播、报刊、微信等新闻媒体,借助"爱鸟周""野生动物保护宣传月"大力开展宣传活动,扩大社会影响,提高公民保护意识,收到良好效果,初步形成了全民保护鸟类的良好风尚。全区不定期组织环境保护和野生动物保护工作人员对全区的集贸市场、饭店进行抽查,未发现餐食野生动物现象。

双台子区农村经济局为全面加强美国白蛾防治工作,保护城市生态安全,创建文明城市,根据市白蛾防治工作总体要求,结合实际,制定《美国白蛾防治实施方案》,建立美国白蛾防治长效机制。全区美国白蛾防治坚持"预防为主、科学防控、依法治理"的方针,遵循"突出重点、分区治理、属地负责、联防联治""治早、治小、治了"的原则,明确了监测检查监测时间、调查树种、防治责任。通过采取综合治理措施压缩发生面积,实行专业防治和群防群控相结合,控制发展范围。加大对区内路林的防治力度,确保疫情不蔓延,把危害程度降到最低。重点区域做到及时发现、及时防治、及时监测,避免复发,见表2-4。

表 2-4　双台子区 2016—2018 年生物物种资源保护情况

类别	2016 年	2017 年	2018 年
重点保护野生动物、植物有无违法	无	无	无
有无采集及猎捕、破坏等情况发生	无	无	无
有无外来物种入侵的情况发生	无	无	无

指标 13:海岸生态修复

双台子区不临海,该项指标不考核。

指标 14:严格管理危险废物排放,危险废物安全处置率高

按照国家《危险废物管理办法》的要求,产生危废企业需要签订危险废物处置协议,办理危险废物转移申请,将危险废物运往有资质处理的单位进行无害化处理。

双台子区产生的危险废物主要分为工业危险废物和医疗垃圾。2016—2018 年,共产生工业危险废物 2048 吨,实际处理量为 2048 吨,处理率 100%。

2016 年全区医疗机构产生医疗废物 48 吨,全部签订处置协议并送至盘锦市有毒有害废弃物处理站处置,处理率 100%;2017—2018 年全区医疗机构产生医疗废物 99 吨,全部与盘锦京环环保科技有限公司签订处置协议,并送至其处置,处理率 100%。

指标 15:建立建设用地土壤污染风险管控和修复名录制度

为加强工业企业用地环境监督管理,有效控制污染地块的环境风险,根据《中华人民共和国土壤污染防治法》、《国务院关于印发土壤污染防治行动计划的通知》(国发〔2016〕31 号)、《污染地块土壤环境管理办法(试行)》(环境保护部令第 42 号)、《辽宁省人民政府关于印发辽宁省土壤污染防治工作方案的通知》(辽政发〔2016〕58 号)等法律法规和文件要求,2017 年原双台子区环境保护局成立土壤污染治理专业部室,并配备专业人员负责工作。完成《双台子区土壤污染防治工作方案》(双区政发〔2017〕13 号)编制工作,成立了区土壤污染防治工作领导小组。

2017 年,对全区重点行业企业 49 家的建设用地进行土壤详查,采集了相关基础数据。目前正在进行数据审核、按照相关要求建立重点行业企业"一企一档"。

2018 年,对双台子区土壤污染状况进行摸底采样,共完成 50 个点位调查,并送交市监测站检测。

指标16：建立突发生态环境事件应急管理机制，没有发生生态环境事件

双台子区依据《中华人民共和国环境保护法》《中华人民共和国突发事件应对法》《国家突发环境事件应急预案》《辽宁省突发环境事件应急预案》及相关的法律、法规、规章，2016年制定了《双台子区突发环境事件应急预案》。

应急预案设立了突发环境事件应急处置领导小组，作为全区突发环境事件应急管理工作的专项领导协调机构。领导小组组长由区政府分管副区长担任，副组长由区政府办公室分管副主任、区城建局和环境保护局的局长担任，成员单位包括区宣传部、区公安分局、区民政局、区财政局、区城建局、环境保护局、区安监局、区交警大队区、电信局、移动公司、区卫生局、区自来水分公司、区水利局、区农经局及各街道办事处。

应急领导小组办公室设在区城建局和环境保护局，应急预案明确其负责环境应急领导小组办公室的日常工作和日常应急值班；突发环境事件应急预案和环境保护部门应急预案的制订和修订工作，贯彻落实区政府的决定事项；受应急领导小组委托，承担突发环境事件应急反应的组织和协调工作，组织协调专业和社会资源参与应急救援；负责职责范围内的案件调处工作；做好对突发环境事件的预防、预测、监测、信息报送工作，及时向区政府和上级环保部门报告重要情况和建议；建立环境保护应急队伍，组织环境应急预案演练、人员培训和环境应急知识普及工作；负责城市环境基础设施的正常运行，为环境应急救援提供物资、技术支持等工作。

创建期间的三年内，双台子区域内未发生重大和特大突发环境事件；无国家或相关部委认定的资源环境重大破坏事件；无重大跨界污染和危险废物非法转移、倾倒事件。

2.3 生态空间领域工作分析与主要安排

确保创建工作完成，达到考核验收及生态文明建设的有关要求，全区对创建规划提出的生态安全领域方面的目标、工程任务，积极安排、全面落实，基本完成以下工作任务。

指标17：加强自然生态保护，划定自然生态空间

盘锦市开展了生态红线划定工作，根据生态系统服务功能重要性和敏感性、脆弱性评价，将水源涵养、土壤保持、生物多样性保护功能重要和敏感的区域纳入生态红线区域，实施严格的生态保护制度和措施。其中，双台子区划定辽河水源涵养生态保护红线区域7.62平方公里，占全区国土面积的14.06％％。盘锦市生态保护红线划定结果保护了全市67.49％的水源涵养功能以及82.35％的生物多样性维护功能。

双台子区行政区国土面积为118平方公里，建成区面积为46.52平方公里。2018年，全区受保护地国土面积为12.11平方公里，其中林地面积2.82平方公里、湖滨公园面积 1.67 平方公里、生态红线区面积 7.62 平方公里。受保护地占国土面积比例为 9.54％,受保护地占非建成区国土面积比例为 15.05％,见图 2-6。形成了支撑经济社会可持续发展的生态安全屏障体系和优美的生态景观格局。

强化耕地数量质量保护。《盘锦市土地利用总体规划(2006—2020 年)调整方案》要求,全面落实上级下达的耕地和基本农田保护任务,确保实有耕地面积基本稳定,基本农田数量不减少、质量有提高、布局总体稳定。目前,双台子区政府已经与盘锦市政府签订耕地保护责任书,全区耕地和基本农田的数量、质量符合规划要求,全面落实上级下达的耕地和基本农田保护任务,实现“到 2019 年,全区耕地保有量保持在 4.29 万亩,基本农田面积保持在 3.57 万亩”的保护任务。

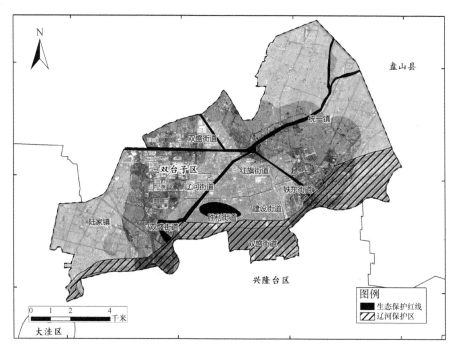

图 2-6　双台子区生态保护区域图

创建期间,全区节约集约、优化结构,按照坚定不移地推进节约用地的总要求,有效控制建设用地总量,避免建设用地不合理外延扩张;统筹建设用地增量与存量,注重存量挖潜和低效用地改造,优化建设用地结构和布局,统筹配置生产、生活、生态用地,优化国土空间开发格局;适当增加新增建设用地规模,合理保障新型工业化、新型城镇化和新农村建设用地需求。

目前,辽宁省已经制定《2019 年全省国土空间规划工作要点》,统一部署全省国土空间规划工作。研究制定了《辽宁省国土空间规划编制工作方案》,进一步明确了重点任务、时间表、路线图,确定了要以生态文明、绿色发展的理念为指引,以资源环境承载能力和国土开发适宜性评价为基础,充分评估农业、生态和城镇空间以及基本农田、生态保护红线和城镇开发边界的统筹划定,科学研判国土空间本底条件,编制第一版好用、管用、实用的辽宁国土空间规划。双台子区已经召开区域层面空间规划讨论会,并将《双台子区空间规划》编制工作纳入政府工作计划。

指标 18:自然岸线保有率

双台子区不临海,该项指标不考核。

指标 19:大力推进河湖退养还湿,恢复保护自然河湖岸线

双台子区境内共有"4 河",分别是辽河双台子段、小柳河、一统河、太平河,河道总长度约 51.64 公里。其中辽河双台子段位于南部,东起西绕总干渠,西至陆家与新生交界,河道全长 19.64 公里,河道平均宽度 1.5 公里;小柳河为辽河支流,东起西绕总干渠,西至小柳河口,河道平均宽度 110 米,河道全长 6 公里;一统河、太平河为辽河盘锦段的支流,均属排干类河,流经双台子区河道全长均为 13 公里,主要用来农田灌溉。

按照《水利部办公厅关于印发河湖岸线保护与利用规划编制指南(试行)的通知》(办河湖函〔2019〕394 号)及《河湖岸线保护与利用规划编制指南(试行)》中"辽河口河段岸线,需要制定合理利用与保护规划"的要求。2018 年,东起西绕总干渠,西至陆家与新生交界的辽河双台子段的 19.64 公里河道,其中双台子桥的上下游超过 7 公里的岸线,通过"退养还湿工程"已经恢复为自然岸线;再综合考虑"组织流域面积在 50 平方公里以上的河道和水面面积在 1 平方公里以上的湖泊岸线利用管理规划编制工作"的要求,以及目前小柳河全长 6 公里的岸线,有约 2 公里长的河道为自然岸线。因此,双台子区的 25.64 公里的自然河道,有 9 公里的岸线为自然岸线,保护率为 35%,符合有关管控要求。

2.4 生态经济领域工作分析与主要安排

为确保创建工作完成,达到考核验收及生态文明建设的有关要求,全区对创建规划提出的生态经济领域方面的目标、工程任务,积极安排、全面落实,基本完成以下工作任务。

指标 20:完成省市考核任务,单位地区生产总值能耗降低

2017 年,在盘锦市公共机构节能领导小组精心指导下,双台子区按照"十三五"规划工作要求,认真贯彻落实国家省、市节能减排工作目标,推动双台子区公共机构节能工作,取得了一定成效。

2018 年,双台子区持续推进节约型政府建成,进一步完善各项工作,明确工作目标和任务,健全组织体系建设,使公共机构人均综合能耗、单位建筑面积综合能耗、公共机构人均水耗继续实现双达标,达到"十三五"规划的要求。具体做法如下。

(1)积极创建市级节水型单位和节约型示范单位。2017 年,双台子区第一中学、实验中学、长征小学、辽河幼儿园 4 家公共机构创建辽宁省首批节约型公共机构示范单位。2018年,统一镇、河街道办事处、铁东街道办事处、红旗街道办事处、市政管理处5家公共机构被评为区级节水型示范单位。

提高认识,强化领导,把节能作为学校建设和管理的重点。双台子区实验中学把"节能"作为校园建设管理的重点,强化了五个方面的工作:第一,明确新思路。根据校实际,确定了走"节能环保、绿色消费"的建设和管理思路,多年来,坚持面向全体学生,认真开展素质教育,注重培养学生的良好的行为习惯。通过一系列主题班、团宣传活动,使学生养成勤俭节约,低碳环保的节能意识,更加注重节能环保。第二,购置新产品。充分发挥节能产品的优势,对水、电等设施均采用节能产品,确保产品节能。第三,建立新机制。学校成立了公共机构节能领导小组和节能办公室,也相应建立了节能小组,定期召开会议,分析节能工作态势,及时发现问题并加以解决,确保节能工作高效开展。第四,树立新理念。区有关领导和部门非常重视学校建设和管理工作,多次深入调研和指导,给出新建设、新方法、新措施、新理念,在政策、资金上予以大力支持,为节能建设工作提供了强有力的保障。第五,以多种方式不断推进节能工作的落实,采取的具体措施:一是抓节能活动的开展,结合学校教学特点,制作节能标识10个,制作节能宣传条幅2条,开展节能宣传教育活动5次,突出主题日教育,通过节能宣传板展览让每个师生切身体会到节能的重要性;二是抓节能氛围的营造,以校园广播、宣传栏、悬挂标语、板报、墙报LED屏、警示牌、温情提示贴等多种方式,从点滴入手,全方位宣传节能知识,同时还向师生发出节能减排倡议书,要求大家从我做起,厉行节俭,以节约为荣,节约节俭已成为师生的自觉行为,节能工作正在扎扎实实、有条不紊、持之以恒地深入开展。

学校确立了以"建设绿色校园、节能校园"的理念为先导,通过加强节能教育,狠抓节能管理,打造节能硬环境。目前,学校人均能耗2.8公斤标准煤/(人·年),单位建筑面积能耗0.64公斤标准煤/(平方米·年),比同类型公共机构人均能源消耗≤6.8公斤标准煤/(人·年)的标准上限低40%,单位建筑面积能源消耗平均值≤0.8公斤标准煤/(平方米·年)的标准上限低16%,节能工作取得了显著成效。

(2)节能改造是全区近年来工作重点之一,已确立逐步加大节能投入资金,稳步推进公共机构节能改造的实施方针,加快照明、用水、食堂设备等系统的改造。2018年继续大力推进全区公共机构节能改造工作,同时探索合同能源管理的多种形式,不仅局限于政府与节能公司的合作,更希望促成以政府牵线,公共机构直接与节能公司制定合同能源管理的市场化形式。

(3)开展好节能宣传周、节能培训、远程教育等宣传培训工作。节能宣传周是宣传节能低碳环保生活的重要方式,2018年节能宣传周期间双台子区加强多种形式的宣传,以达到宣传最大化的效果;同时,双台子区机关事务服务中心举办大型节能工作交流培训会,推广节能工作,节能培训方面培训次数、人数较多。远程教育是与清华大学探索的节能教新育方式,通过北京面授课程与清华大学老师及各地学员的探讨,未来远程教育课程将尝试更加专业、定制化课程,确保节能培训达到规定人数、达到课程结业合格。

双台子区机关事务服务中心在废品回收工作、垃圾分类宣传工作等方面始终保持认真的态度,开展废品回收工作,落实各项节能工作,完成了年度任务。2018 年,区内开展了垃圾分类进办公楼、进学校试点管理。

2016 年,双台子区 GDP 能耗为 0.69 吨标准煤/万元,2017 年双台子区 GDP 能耗为 0.68 吨标准煤/万元,2018 年双台子区 GDP 能耗为 0.68 吨标准煤/万元。全区连续三年低于考核标准和控制目标值 0.7 吨标准煤/万元,已达到考核标准。

另据盘锦市政府下达的节能指标考核统计数据,2016 年能耗对比 2015 年,全区公共机构人均综合能耗、单位建筑面积综合能耗同比分别下降 6.66%、14.69%;2017 年能耗对比 2015 年,公共机构人均综合能耗、单位建筑面积综合能耗同比分别下降 37.51%、41.4%,见表 2-5。考核成绩为优秀。

表 2-5 双台子区 2016－2018 年单位 GDP 能耗情况

类别	2016 年	2017 年	2018 年
国内生产总值(万元)(不包括金融业)	1321924	1377379	1392833
总能耗(吨标准煤)	912128	936618	947126
单位 GDP 能耗(吨标准煤/万元)	0.69	0.68	0.68
计算方法	单位 GDP 能耗＝全区总能耗/国内生产总值		

指标 21:完成省市考核任务,单位地区生产总值用水量下降

为做好盘锦市公共机构节水型单位创建工作,根据辽水台〔2014〕9 号文件要求,结合实际,2017 年市直节水工作提出"到 2017 年底,70% 以上的市级机关建成节水型单位,并逐步将各类公共机构纳入节水型单位建设范围。到 2020 年,全部市级机关建成节水型单位,50 以上的市级事业单位建成节水型单位"的目标。具体实施要求:

(1)水表分级计量。办公建筑内实现用水分级、分单元计量。可按楼层分级,也可按办公用水、食堂用水、洗手间用水等不同用途进行分级计量。

(2)使用节水型器具。各单位对内部用水器具进行全面检查,更换非节水型用水器具和漏水器具,确保节水型器具使用率达到 100%,杜绝跑冒滴漏。

(3)严格用水管理。建立健全单位用水管理网络,设立明确的岗位责任制,指定专人负责用水管理;实行用水管理责任,建立用水记录和统计台账;制定节水计划,开展节水宣传;制定用水管理制度、计量管理制度和设备定期检查制度,确保节水设备正常运行。

(4)开展水平衡测试。由市水利局会同有关部门统一组织开展水平衡测试工作,通过水平衡测试,掌握本单位用水状况,定量分析单位用水合理化程度,为单位节水管理提供数据支撑,提高机关单位内部节水管理水平。

创建期间,双台子区开展了"重管理、创机制、强优化"创建节约型单位活动。例如,双台子区长征小学等深入推进节约型公共机构示范单位创建工作,结合现状,通过强化管理、规范管理、精细管理等方面开展了节能工作。学校东区的南、北楼均三层,没有洗手间,西区的4层楼都有独立的水房,东、西两个校区的公共卫生间都配备了节水器具。学校以"建设绿色校园、节能校园"的理念为先导,通过加强节水教育。目前学校人均消耗水量1.65立方米/(人·年),比同类型公共机构人均消耗平均值5.7立方米/(人·年),低40.6%,节能工作取得了显著成效,被盘锦市评为"节水型示范单位",成为盘锦市公共机构节能工作的先进集体。

2016年以来,全区严格按照上级下达的各项水资源总量控制标,实行地区用水总量控制。2016年,双台子区用水总量7176万立方米;2017年水总量6690万立方米,2018年用水总量7385万立方米,地区生产总值用水量45.39立方米/万元,见表2-6。

表 2-6 双台子区 2016—2018 年地区生产总值用水量

类别	2016 年	2017 年	2018 年
用水总量(万立方米)	7176	6690	7385
地区生产总值 GDP(亿元)	132	152.7	162.7
地区生产总值用水量(立方米/万元)	54.36	43.81	45.39

由表2-6可得,双台子区2016—2018年地区生产总值用水量完成上级规定目标,全区连续三年保持波动性状态。

指标 22:落实节约集约用地原则,单位国内生产总值建设用地面积下降

双台子区2015年地区生产总值为136.6亿元,建设用地规模为4474公顷,单位地区生产总值用地面积为0.049亩/万元。2016年地区生产总值为132亿元,建设用地规模为4519公顷,单位地区生产总值用地面积为0.051亩/万元,单位地区生产总值用地面积下降率为一4.53%。2017年地区生产总值为152.7亿元,建设用地规模为4574公顷,单位地区生产总值用地面积为0.045亩/万元,单位地区生产总值用地面积下降率为12.5%。2018年地区生产总值为162.7亿元,建设用地规模为4577.32公顷,单位地区生产总值用地面积为0.042亩/万元,单位地区生产总值用地面积下降率为6.08%。总的来看,近三年来全区的单位GDP用地面积有下降趋势,见表2-7。

表 2-7 双台子区单位地区生产总值用地面积下降率

年份	GDP (亿元)	建设用地规模 (公顷)	单位 GDP 用地面积 (亩/万元)	下降率 (%)
2015	136.6	4474	0.049	
2016	132.0	4519	0.051	−4.53
2017	152.7	4574	0.045	12.50
2018	162.7	4577	0.042	6.08

大幅度提升单位工业用地工业增加值。单位工业用地工业增加值指标作为生态文明建设考核的新指标,对解决土地资源、保护生态环境具有重大意义。分析双台子区创建期间,2016—2018 年工业增加值、工业用地、单位工业用地工业增加值统计数据,可以得出:2018 年的单位工业用地工业增加值显著提高,达到 152 万元/亩,见表 2-8。

表 2-8 双台子区 2016—2018 年单位工业用地工业增加值情况

类别	2016 年	2017 年	2018 年
年度工业增加值(万元)	463000	616000	664000
工业用地(亩)	4582	4408	4362
单位工业用地工业增加值(万元/亩)	101	139	152
考核标准	单位工业用地工业增加值≥80 万元/亩		
达标情况	2016—2018 年单位工业用地工业增加值均达到 80 万元/亩以上		

指标 25:构建循环经济,推进农业废弃物综合利用考核达标
——秸秆综合利用率提高

按照国家、省、市乡村振兴战略的总体要求,推进农业绿色发展,促进秸秆资源循环利用,进一步推动土地保护和耕地质量提升。双台子区全面落实《盘锦市秸秆综合利用实施方案》的要求及双区政办发〔2018〕102 号文件要求各级政府"因地制宜、分类指导,结合政府扶持,提高秸秆利用率",工作取得了一定成效。主要做法如下。

(1)加强领导,分工合作。成立以分管农业副区长为组长,各涉农街镇主要领导和区直相关部门为成员的领导小组,以街镇为主体,各成员部门各司其职,分工合作,把秸秆综合利用工作纳入绩效考核,切实加强工作领导。

(2)强化宣传,杜绝焚烧。利用广播、条幅、网络、手机等宣传媒体,多层次、多角度开展秸秆综合利用宣传活动。大力宣传秸秆综合利用的经济、社会和生态效益,营造推进秸秆综合利用的良好舆论环境。各村都张贴条幅,宣传露天秸秆焚烧的严重危害,增强广大农民环保意识。

(3)鼓励低茬,政府扶持。2018 年,在鼓励水稻秸秆收割低于 10 厘米的前提下,出台了秋翻补助的扶持政策。各村秋翻耕地每亩补助 30 元,不足部分由街镇、村配套,基本做到所有耕地深翻,切实加强了秸秆还田的成效,提高了秸秆综合利用率。

(4)定期检查,督导问责。按照省政府"属地管理、源头控制、禁烧结合、以禁促用"的要求,建立考核机制,健全考核奖惩办法,由区委督查室定期对秸秆综合利用情况督导反馈,建立了涉农街镇为单位、村为基础、村民组为单元的网格化管理责任体系。区农经局及领导小组成员定期对秸秆综合利用工作监督、检查,对不按照规定管理及焚烧现象及时上报相关部门,严肃处理。

2018 年,全区水稻种植面积 5.3 万亩,粮食产量 3.3 万吨,秸秆理论产生量约为 3.2 万吨,实际可收集量约为 2.4 万吨,秸秆综合利用包括翻埋还田、生活用能直燃和编织等方式。

通过调查统计,2018 年全区秸秆综合利用量为 2.3 万吨,综合利用率为 95.8%。其中肥料化利用 1.2 万吨,占比 52.2%;燃料化利用 0.8 万吨,占比 34.8%;原料化利用 0.3 万吨,占比 13%。

近三年来,全区粮食秸秆年产量约 7 万吨,全部为水稻秸秆,利用形式以粉碎还田(采用收割机加挂切碎机,稻茬高度不高于 10 厘米)为主,占比约 66%。2018 年全区鼓励家庭农场、种粮大户等经营主体收低茬,能源燃料化利用显著提高,主要有稻草压块、直销电厂、农户直燃等方式,三年占比为 23%,其余为饲料化利用。2016 年、2017 年、2018 年全区秸秆综合利用率分别为 95.2%、95.4%、95.8%。

——畜禽养殖场粪便综合利用率提升

创建期间,双台子区政府印发了《双台子区畜禽养殖禁养区内规模养殖场(小区)和养殖专业户搬迁关闭工作实施方案》,采取"三步走"的战略,科学推进了各项工作有序衔接、扎实开展畜禽养殖场粪便综合利用工作。具体做法:

(1)抓住机遇,开展集中攻坚。充分抓住近年养殖市场处于颓势,养殖户生产信心不足的契机,大规模开展全区畜禽养殖废弃物处理和资源化利用工作。通过委托第三方评估机构评估的形式,对全区 35 个养殖场(户)存栏畜禽损失、附属养殖设施设备投入等进行全面评估并阳光公开,对提前或按时限关闭的养殖场(户)按圈舍面积予以奖励,给予养殖场(户)再就业培训补助等政策支持。经努力,全区共有 11 个养殖场(户)实现了停养。

同时,双台子区调动宣传车、微信、乡村大喇叭等多渠道力量,广泛宣传有关政策,积极转变养殖户观念,并始终"一口咬死",不给养殖户抱有侥幸心理、试图拖延继续饲养的机会,不断地变"要求禁养"为"主动停养"。此外,对待"瓶颈"问题,全区采取了"远近结合"的方式,打好"唠家常"的感情牌,解决眼前的问题,帮助寻找其他创业途径,解决长远的问题,让养殖户感受到政府的关怀和温暖。特别是从"以人民为中心"的角度出发,双台子区制定出台了《双台子区畜禽禁养区内养殖场(户)关闭补偿方案的补充方案》,对未纳入评估范围的养殖圈舍进行评估补偿,最大程度维护了养殖户的利益,其余养殖场(户)关闭意愿明显增强,全部完成了 35 个养殖场(户)的关闭验收工作。此外,双台子区全力配合盘山县,帮助兄弟县区完成了养殖场(户)关停工作。

(2)查缺补漏,巩固工作成效。在整体工作全面完成的基础上,双台子区及时开展了"回头看"工作,一方面巩固畜禽养殖废弃物处理和资源化利用工作成效,一方面对全市有关部署进行逐一对标对表,确保工作不出遗漏。目前,双台子区禁养区畜禽规模养殖场和养殖专业户关闭工作全部完成,共关停养殖场(户)38 个,关停率 100%;病死动物无害化处理体系建设工作全部完成,在 12 个行政村建成了病死动物无害化处理设施,各涉农街镇也均制定了《病死动物无害化处理工作制度》,实现了无害化处理全覆盖;现有畜禽规模养殖场粪污处理配套设施建设工作仅涉及盘锦哥弟养殖有限公司,实现了资源化利用;双盛街道常家村已经实现了庭院商业化养殖整村退出,成效显著。

2018年末,全区畜禽饲养量3.65万头(只)。全区2016年共有规模养殖场8家,2017年关闭畜禽养殖禁养区的7家。现有盘锦哥弟养殖有限公司规模养殖场1家,主营生猪养殖,位于统一镇统一村。该场产生的畜禽粪便通过堆积发酵还田,污水沉淀发酵还田,实现资源化利用。全区畜禽养殖场粪便综合利用率达到98%,见表2-9。

表2-9 双台子区2016—2018年畜禽养殖场粪便综合利用情况

年度	畜禽粪便产生总量(吨)	畜禽粪便利用量(吨)	不同方式利用量(吨)		综合利用率	指标要求
			沉淀发酵还田	堆积发酵还田		
2016	3021.86	2900.99	2256.36	765.50	96%	≥99%
2017	2649.50	2649.50	2104.16	545.34	100%	
2018	736.32	736.32	719.38	16.94	100%	

双台子区有2个镇以农业生产为主,耕地面积为4228公顷,其中水田4198公顷。目前农业经济以水稻种植为主,水稻生产广泛采用先进的生产技术,水稻生产过程中基本不用农膜。2个镇的其他少量的经济作物生产使用的农膜数量很少,在农户节约生产成本的意愿下,使用的农膜基本能够自觉地回收利用,平均超过90%。

指标26:全面推行大环保管理,一般工业固体废物处置利用率高

2018年,盘锦市固体废物产生量为148.7万吨,其中双台子区固体废物产生量约30.78万吨,约占总量的20.8%。

盘锦市的一般工业固体废物处置工作通过与环保企业签订协议,2018年全市固体废物综合利用量为118.3万吨,占产生量的79.5%;处置量为30.5万吨,占产生量的20.5%。其中,双台子区综合利用量占产生总量的25.9%,达到了98.1%。

2.5 生态生活领域工作分析与主要安排

确保创建工作完成,达到考核验收及生态文明建设的有关要求,全区对创建规划提出的生态生活领域方面的目标、工程任务,积极安排、全面落实。随着绿色、环保、低碳生活理念的不断提高,生态生活工程建设得到高度重视,基本完成以下工作任务。

指标27:盘锦市集中式饮用水水源地水质优良

2018年,盘锦市集中式饮用水水源地水质总体保持优良,水质稳定,各项指标均符合Ⅲ类标准,达标率为100%。

双台子区内没有集中式饮用水水源地,全区饮用水全部来自城市自来水厂。该项指标可以不考核。

指标 28：强化水源地保护措施，保证村镇饮用水卫生合格

双台子区城区和农村的饮用水全部采用市政集中供水，水源地都划定了一级和二级保护区，制定了保护办法，强化了保护措施。按照辽宁省卫计委《2018 年全国饮用水卫生监测工作方案》（辽卫办发〔2018〕238 号）要求，全区饮用水卫生监测工作在 1 个出厂水、4 个二次加压水和 10 个市政供水的末梢水监测点进行。

2018 年，依据《生活饮用水卫生标准检验方法》（GB/T 5750）对水质常规指标和非常规指标进行检测，以《生活饮用水卫生标准》（GB 5749—2006）评价，城区市政供水水样枯水期达标率为 100％。

指标 29：全面推行大环保，提升城镇污水处理率

按照城镇人口的污水排水系数（100～150 升/日），北方地区人均取 150 升/日计算。2016 年双台子区建成区，常住人口约 14.6 万人，日污排水量约 21900 吨；2017 年常住人口约 16.38 万人，日污排水量约 24570 吨；2018 年常住人口约为 22.68 万人，日污排水量约为 34020 吨。

双台子区建设了规模为 10 万吨/日的城市污水处理厂，建成区污水管网覆盖率 100％，且建成区的生活污水可以全部排到盘锦市第二污水处理厂。污水处理厂产生的污泥根据《盘锦市第二污水处理厂新项目特许经营协议》（LPJ200911119），由盘锦京环环保科技有限公司进行安全处置。

近年来，为改善农村生态环境、提升居民生活品质，双台子区委、区政府认真践行"绿水青山就是金山银山"理念，以农村生活污水集中处理设施建设为切入点，坚持"试点先行"，通过实施农村生态氧化塘建设工程，提高农村污水处理率，全区涉农行政村建设有 19 个生态氧化塘，做到了村村生活污水都能有效生态净化后排放。

进一步开展农村卫生厕所、农村小型污水处理设施建设工作，推进农村生活污水的提标改造。2018 年，全区在统一镇光正台村、陆家镇任家村进行了试点建设工作，将农村生活污水、厨房污水等庭院生活污水引入村屯公共管网，进行统一收集，再由农村小型污水处理设施统一处理，达到一级 B 排放标准后排入农村下水沟渠。通过此工作进一步提高了农村污水处理水平，改善了农村地表水水质。2016 年、2017 年、2018 年全区的城镇污水处理率均在 95％以上。

指标 30：全面推行大环保，提升城镇生活垃圾无害化处理率

双台子区委、区政府将提升城镇生活垃圾无害化处理率作为落实新发展理念，坚持绿色发展，建设河湖与城乡融为一体，自然与人文相得益彰的现代生态滨河新城区的重要举措。通过召开区政府会议，专题研究落实城镇生活垃圾无害化处理方案，相关部门和相关街镇主要负责整体工作的推进和协调工作，确保各项具体工作有落实、有效率、有成果。

双台子区政府与盘锦京环环保科技有限公司于 2016 年就已经签订"大京环城乡生活垃圾、生活污水全面收集、转运、无害化处理协议"，对全区的生活垃圾、生活污水全覆盖 100％安全处置。

而且农业区陆家镇对各村垃圾进行全面治理,以实现无污水塘、无臭水沟,消除垃圾堆和卫生死角,杜绝垃圾随意倾倒、丢弃问题。全镇建有 5 个垃圾暂存池,每村 1 座与禽畜粪便贮存池同设,占地面积 10 亩;设置 10 个不可降解垃圾收集点;建设垃圾箱 496 个;全镇共雇佣垃圾清运车 54 辆,保洁员 55 人,实现了垃圾处理减量化、资源化、无害化,农村生活垃圾处理率达到 100%。

指标 32:落实"厕新革命"专项行动,普及农村家庭无害化卫生厕所

全区按照《关于印发〈双台子区 2018—2020 年"厕新革命"三年行动实施方案〉的通知》(双区委办发〔2018〕21 号)、《双台子区 2018 年农村无害化卫生厕所建设与改造实施方案》(双区爱卫办字〔2018〕7 号)文件要求,全面推进农村家庭卫生厕所建设工作。具体做法如下。

(1)加强农村家庭改厕工作的组织保障。面对改厕工作数量大、技术高、时间紧等实际,成立了以分管领导为组长的区、街镇、村三级农村改厕工作领导小组。落实专人负责,加大了领导力度;建立了领导小组成员单位联系村制度,明确领导小组各成员单位职责分工,进一步加强了对改厕工作的领导和协调。

(2)提高农村改厕工作的认识程度。结合创建卫生村工作,切实有效地开展多形式、多层次、深入持久的改厕宣传教育活动。各街镇、村通过板报、标语、微信等多种渠道宣传健康卫生知识;向每家每户发放公开信,宣传改厕的重要性。坚持以各村(居)为依托,通过派员蹲点、卫生宣传日等方式到村居入门入户宣传,变"要我改厕"为"我要改厕",自觉投入改厕工作。

(3)优化农村改厕工作的政策环境。加大投入力度,健全激励机制。经费不足是改厕的大难题,为进一步推动全区农村改厕工作的顺利实施,采取"个人投资为主,政府和村集体适当补助"的办法,保证资金投入,保证了改厕的顺利实施。加强业务培训,增强改厕技术力量,以村为单位举办多次改厕技术培训,各村有熟练技术的专业人员。区、街镇领导多次到各村指导,督促改厕工作,有力保证了改厕工作的顺利推进。

(4)加快农村改厕工作的进度。为确保改厕任务保质保量的推进,街镇政府建立了一级抓一级、层层抓落实的工作格局。在改厕过程中,落实责任到村,由村领导负责做好村民思想工作,协调现场矛盾,限期推进改厕任务。通过各村自查、街镇级督查、市区验收等方式督促改厕工作的进程,对检查出的问题及时反馈,并提出整改措施,做到改厕质量与进度同步。

(5)推广农村改厕工作典型经验。建立"镇有示范村、村有示范户"的工作模式,树立典型,以点带面,推广好的做法与经验,调动村民向好意识,全面铺开改厕工作。落实组织改厕班子,在通过对村民走访、实地调研的基础上,按照村民住户相对集中的原则选址,全部拆除原有的旱厕,并在全区农村推广。同时,发现问题及时解决,保证了改厕质量。农村卫生环境和农民卫生习惯得到较大改善。

2018 年,全区改厕工作实现院外厕所 100% 入院或入户,院内简易厕所 100% 拆除。卫生厕所普及率为99.36％。

指标33：倡导节约资源，显著提升城镇新建建筑绿色化比例

2018年11月28日辽宁省第十三届人大常务委员会第七次会议通过《辽宁省绿色建筑条例》，自2019年2月1日起施行。旨在贯彻绿色发展理念和推进绿色建筑现代化、集约化、区域化发展，加快建筑业供给侧结构性改革及促进资源节约利用，改善人居环境。

2018年，双台子区引导房地产开发企业按照《绿色建筑评价标准》(GB/T 50378—2014)要求，在全区仅有的新开工的恒大滨河世家在建14万平方米项目，当年完成绿色建筑面积9.3万平方米，新建绿色建筑比例达到66.4％。

另据调查得到，2016年新建绿色建筑比例达到47.9％，2017年新建绿色节能建筑比例达到49.6％，见表2-10～表2-13。目前，区政府严格要求房地产开发企业按照《绿色建筑评价标准》(GB/T 50378—2014)中绿色建筑部分，强制性执行标准要求。

表2-10　双台子区2016—2018年新建绿色建筑比例

项目	2016年	2017年	2018年
新建建筑总面积(万平方米)	56	53	14
新建绿色建筑面积(万平方米)	26.9	26.3	9.3
新建绿色建筑比例	47.9％	49.6％	66.4％
考核要求	城镇新建绿色建筑比例≥50％		

表2-11　双台子区2016年新建绿色建筑比例

年度	2016年	
新建建筑总面积(万平方米)	56	
新建绿色建筑面积(万平方米)	26.9	
新建绿色建筑比例	47.9％	
项目名称	辽河左岸	绿地11#地
新建绿色建筑面积(万平方米)	11.9	15

表2-12　双台子区2017年新建绿色建筑比例

年度	2017年	
新建建筑总面积(万平方米)	53	
新建绿色建筑面积(万平方米)	26.3	
新建绿色建筑比例	49.6％	
项目名称	新开河小区	长征小区
新建绿色建筑面积(万平方米)	12.3	14

表 2-13　双台子区 2018 年新建绿色建筑比例

年度	2018 年
新建建筑总面积(万平方米)	21
新建绿色建筑面积(万平方米)	11.76
新建绿色建筑比例	56%
项目名称	滨河恒大世家
新建绿色建筑面积(万平方米)	11.76

创建期间,结合全区节能环保器具使用实际,同时开展了多种形式的节能周宣传活动,大力推广节能、节水器具,提高节能意识,倡导使用节能节水产品、技术,在全社会营造节能、节水的浓厚氛围。

指标 35:综合治理生活垃圾、生活污水,提升生活废弃物综合利用

双台子区政府与盘锦京环环保科技有限公司于 2016 年就已经签订"大京环城乡生活垃圾、生活污水全面收集、转运、无害化处理协议",全面启动城区街道垃圾分类工作,并开展城镇生活垃圾分类减量化行动。

创建期间,全区涉农乡镇积极贯彻落实国家、省、市、区关于推进美丽乡村建设的工作部署,对辖区行政村全部展开了环境综合整治工作,村庄环境综合整治率达到 100%。

(1)陆家镇全面启动垃圾分类工作。各村分别采取发放宣传单、村内广播、入户讲解等多种形式开展了农村生活垃圾分类宣传。生活垃圾分类存储器具(桶)基本发放到位,农村生活垃圾分类农户知晓率基本达到 100%。

全镇制定了保洁员管理制度。对保洁员进行垃圾分类培训使其对垃圾正确分类投放,并对村民发放三色居民小型垃圾桶,引导村民自觉将可降解垃圾,如剩饭剩菜、菜叶果皮、炉灶灰等投放在绿色的可降解垃圾桶内;不可降解垃圾,如废纸、塑料、玻璃、金属物、布料、烟头、煤渣、建筑垃圾等投入到蓝色的不可降解垃圾桶内;有毒有害垃圾,如废弃的农药包装、医疗用品、灯管灯泡、电瓶电池、电子设备以及过期的药品、化妆品等投放到灰色的有毒有害垃圾桶内。

各村设置垃圾暂存点,流动垃圾车定时上门收集,将垃圾集中到村垃圾暂存点,将分类垃圾按类运送到相应的垃圾处理场所,即不可回收垃圾如食品残留物、厕纸、纸巾等运到垃圾填埋场发酵池发酵,堆肥还田;可回收垃圾按户收集作为废品出售产生经济价值;有毒有害垃圾收集后,暂存垃圾桶,定期由京环公司转运处理,最大限度资源化利用。针对农户家的草木灰,由农户自行装袋,在夏季由保洁员统一收集后集中储存,剩余的由保洁员统一还田。

进一步加强农村生活垃圾分类工作,一是加快垃圾分类存储器具和车辆的采购及发放工作;二是进一步加强对保洁员队伍的培训,突出发挥保洁员在农村垃圾分类中的宣传员、监督员和二次分拣员作用;三是进一步加大对广大农户的宣传力度,通过落实村屯网格员、镇村干部包村包户,让农户逐步养成垃圾分类的习惯,确保分类到位。

镇村均按要求制定了切实可行的绿化管理制度,并将绿化管护纳入到了村规民约,基本做到了任务分解落实,责任明确到人,为乡村绿化有序开展提供了可靠的组织保障。各村按照应栽尽栽、宜绿皆绿的总体要求,围绕村屯街路、台田、氧化塘、空闲隙地等地段,认真开展了村屯绿化,绿化档次较大提升,并不断完善补植和提升标准。多数村在村内广场等重点区域因地制宜的打造景观节点,实现了乔灌花草并举,综合环境明显提升,养护管理向精细化迈进。各村认真落实管护责任,加大巡护检查力度,有效组织开展苗木栽植的养护管理。

全区认真贯彻落实市政府《关于做好秸秆综合利用和禁烧工作的通知》有关要求,加强禁止秸秆焚烧的工作。镇村实行禁烧责任制管理,明确责任,分包到个人、村干部包组、组包户、户包田,层层落实责任,严防露天焚烧秸秆的发生;营造宣传氛围,镇村利用广播、横幅、标语等多种手段,大力宣传露天焚烧秸秆的危害性和秸秆禁烧的重要性,进行广泛深入的宣传教育,提高了广大农民群众的环境保护意识和安全意识,增强了禁烧秸秆的自觉性,家家户户都承诺不焚烧秸秆;强化督促检查,镇政府秸秆禁烧巡查组,深入田间地头,严防死守、全程监控,消除焚烧隐患。镇领导实行包村、包片、包地头措施,加大对重点区域、薄弱环节的督查力度。设立举报电话,专人值班,24 小时受理群众的举报,及时协调有关部门处理问题。

全力推进基础设施建设提升工程。陆家镇共铺设 38.765 公里,其中友谊村 4.576 公里,赵家村 9.917 公里,任家村 2.021 公里,陆家村 11.947 公里,新农村 10.304 公里。全镇共完成入户桥建设 6471 座,其中友谊村 702 座,任家村 667 座,新农村 1460 座,赵家村 1532 座,陆家村 2110 座。实现了村屯入户桥全覆盖,达到了特色指标"村屯入户桥覆盖率≥80%,不降低"的要求。

全镇共完成围栏墙建设 35402 米,其中陆家村 7000 米,赵家村 7100 米,新农村 10500 米,友谊村 6500 米,任家村 4302 米。

全力推进公共服务提升工程。提高浴池运营管理水平,在原有的 9 个村浴池基础上,任家村、新农村、友谊村、赵家村、陆家村与新生村各建设公共浴池 1 个;提高超市运营管理水平,在原有的 10 个村标准超市基础上,赵家村新建标准超市 2 个,友谊村、任家村、陆家村、新农村各新建 1 个。实现了农村标准化澡堂覆盖率 83%,农村标准化超市覆盖率 89%,达到了特色指标"农村标准化澡堂覆盖率≥80%,不降低""农村标准化超市覆盖率≥80%,不降低"的要求。燃气工程建设。全镇气化工程建设为 2513 户挂表,一次入户 70%;保持农村医疗卫生室正常服务。多年来,全区的 18 个村建了村卫生室全覆盖,每年在区政府职能部门指导下为村民小病不出村,提供全年 365 天不休息服务。实现了农村医疗卫生室全覆盖,达到了特色指标"农村医疗卫生室覆盖率≥80%,不降低"的要求。

(2)统一镇农村环境综合整治工作。通过全市六次宜居乡村建设专项检查及镇、村自查,强化农村环境常态化管理,对各村道路、边沟、庭院等整体环境综合治理,加强镇域内河流、坑塘、水域环境治理,各村做到厕所、灰堆、柴草堆、猪圈、杂物堆等五进院。庭院美化、卫生情况整洁,通过加强宣传、进行评比,激发了广大村民参与农村环境综合治理工作的热情,从而自觉做到院内规范整洁。为确保宜居建设工作正常运行,各村均已建立各项管理制度,其中包括《绿化养护管理制度》《道路养护管理制度》《边沟养护清运制度》《垃圾清运保洁制度》《保洁员管理制度》《氧化塘养护管理制度》《畜禽粪便管理制度》《路灯管理养护制度》《"五进院"管理制度》《村屯环境综合管理制度》等 10 余项管理制度。

提高垃圾管理水平。一是完善垃圾处理设施,全部使用统一样式的分类式垃圾箱,垃圾必须分类,垃圾全部实施桶装,不得随意填埋;垃圾堆肥池周围要求设立规范围挡,及时将可降解垃圾送至垃圾堆肥池,防止垃圾飘散;二是规范摆放垃圾箱,在村内科学划定垃圾箱位置,不得随意架设在边沟上,减少环境污染,方便垃圾收运;三是实行垃圾分类,结合城乡一体化大环卫体系建设,做好示范村垃圾分类试点工作,充分利用垃圾填埋池和分类式垃圾箱,实行垃圾分类、减量处理,垃圾分类处理率达到 95％以上;四是以镇为单位试行公司化保洁,保洁员全天候在岗,实现常态巡查、定点收集、定时清运、日产日清。

提高院落环境治理水平。按照院落净、居室净、厨房净、厕所净、畜禽舍净的"五洁净"标准,有规划、有硬化、有净化、有绿化、有活动的"五个有"要求,全域推进庭院环境治理工程,确保家庭卫生合格率达到 95％以上。

提高氧化塘建设水平。结合村屯实际,规范氧化塘建设,人均面积不低于 2 平方米。突出氧化塘景观作用,实行氧化塘生态护坡工程,在具备条件的氧化塘岸边建设生态功能服务区,并栽植乔灌木、花草等。在氧化塘内实施节点景观建设,不断丰富塘内植物种类,在保证净化效果的基础上,增加观赏效果,将氧化塘打造成乡村特色风光带。基本实现了村屯氧化塘全覆盖,达到了特色指标"村屯氧化塘覆盖率≥80％,不降低"的要求。

同时,总结试点经验,全面完成农村小型污水处理设施建设任务,逐步推动农村生活污水统一入网、统一处理、综合利用,现各村污水处理厂正在规划建设中。

2018 年,统一镇农村环境综合整治工作重点开展了村屯环境管理工作。落实美丽乡村常态管理工作责任制,建立了镇村干部包村、包屯、包户的环境管理长效机制;多数村能够做到主副屯、主次街路环境日常巡查全覆盖,实现村屯环境管理同标准;各村结合实际加大了宣传动员力度,有效引导村民取缔村屯柴草垛,对村屯养殖产生的粪污做了重点治理,村屯面貌明显改善。

进一步做好村屯环境卫生常态管理工作。镇村按照全域同标准管理的要求,进一步强化村屯环境日常巡查机制,尤其是加大对偏远屯、次要街路等区域的治理力度,提高治理效果,杜绝管理盲区,严防"五进院"反弹、垃圾死角、小广告乱贴乱画、禽畜散养和养殖污水外排等问题。同时结合垃圾分类入户收集工作,取缔影响村屯环境的传统的户外垃圾收集池,有效治理垃圾箱(桶)周边的垃圾飘散、污水横流现象,确保村容整洁。

全镇重点整治了可降解垃圾填埋场。各村加大了对可降解垃圾填埋场的管理,设置了防飞散围挡,并对原有管理混乱、白色垃圾混入较多的填埋场进行了重点整治。进一步加强可降解垃圾填埋场的管理,一是对原有围挡缺失、不可降解垃圾混入严重、存在污染隐患的填埋场进行彻底整治;二是严把可降解垃圾填场进口关,杜绝白色垃圾等不可降解垃圾混入问题。探索保洁员兼任可降解垃圾填埋场管理员工作机制,严格垃圾进场填埋监管,对不可降解垃圾进行分拣。在填埋场设置不可降解垃圾分拣存放点,将其纳入京环公司收运体系;三是镇政府组织环保、国土、综合执法、宜居办等部门,对辖区范围内的可降解垃圾填埋场全面排查,结合区域地质水文特点、主导风向、交通条件和村屯用地实际,做好填埋场规范化管理工作。

全镇重点开展了庭院环境治理工作。长效管理机制基本建立,全镇各村编制了较完善的庭院环境治理方案和院落建设规划,并将庭院环境治理内容写入村规民约;设立了庭院环境卫生评比展示板,坚持开展庭院卫生季度评比检查活动,农村庭院环境明显好转。各村妇联组织深入村屯农户家庭,耐心开展宣传动员工作,成效显著,多数家庭把院内物品规范摆放、室内卫生清扫作为日常生活的重要内容。通过对农户家庭的走访检查,多数庭院基本做到分区明显,物品摆放有序,室内干净清洁。

指标 37:建设绿色政府,全面推行政府绿色采购

2016—2018 年,双台子区严格依据财政部、国家发改委联合发布的节能环保相关文件的要求,实施了政府绿色采购。

2017 年,双台子区政府绿色采购规模为 511.31 万元,占同类产品政府采购规模的比例为 80.95%。2018 年,在政府采购规模增加的情况下,绿色采购比例也继续增加,达到 86.27%。

2.6　生态文化领域工作分析与主要安排

确保创建工作完成,达到考核验收及生态文明建设的有关要求,全区对创建规划提出的生态文化领域方面的目标、工程任务,积极安排、全面落实,基本完成以下工作任务。

指标 38:党政领导干部带头,积极参加生态文明培训

2016 年开始,双台子区环保部门牵头组织对全区干部进行推进生态文明建设专题培训。分别邀请市委党校教授围绕"加强生态文明建设 争当绿色发展的排头兵""坚持绿色发展 共建生态文明""生态文明 千年大计"等内容,对全区科级以上领导干部专门授课。同时,区委组织部依托市委党校举办两期干部进修班,对全区科级以上领导干部集中培训。目前,全区科级以上干部参加生态文明培训比例达到100%,见表 2-14。

表 2-14　双台子区 2016—2018 年党政领导干部参加生态文明培训情况

指标	2016 年	2017 年	2018 年
党政领导干部参加生态文明培训的人数比例(%)	100	100	100
考核指标	党政领导干部参加生态文明培训的人数比例为 100%		

指标 39：提升生态环境质量，提高公众对生态文明建设的满意度

2018 年 12 月，双台子区生态环境局对辖区内居民随机发放生态文明建设方面的调查问卷 1000 份，收回有效问卷 928 份。调查结果显示，公众对全区生态文明建设工作的满意度达到 95% 以上。

指标 40：广泛宣传动员，凝聚公众参与生态文明建设

双台子区在国家生态文明建设示范区创建过程中，(1)创建领导小组，利用电视、广播、报纸和网络等多种媒体广泛宣传创建国家生态文明建设示范区的重大意义、目标和任务，基本形成了创建工作家喻户晓；(2)区环境保护部门、区委组织部举办多次科级以上领导干部培训班，推进规划任务的落实，全区科级以上干部参加生态文明培训比例达到 100%，并通过任务落实，基本达到了全区政府部门的工作人员的全覆盖；(3)通过区政府网站设置的环境保护、生态文明两个专栏，主动宣讲创建工作进度、任务完成情况等相关信息，并利用开展"大气治理、水环境治理""生态红线划定、河长制""城镇生活垃圾减量化与分类处理行动""农村环境综合治理行动"等重大专项，向广大公众介绍创建工作的目标和任务要求，形成了人人参与、家家受益，企事业单位积极投入，项目全面落实的社会氛围，为创建工作奠定了坚实基础，基本形成了全社会共同创建国家生态文明建设示范区的良好局面。

2019 年 5 月 7 日，区生态环境局对公众参与生态文明建设情况进行问卷调查，发放调查问卷 1000 份，收回有效问卷 956 份。统计分析结果是，公众对生态文明建设的参与度达到 94.6%。

例如，随着绿色、环保、低碳生活理念的不断提高，双台子区委区政府高度重视生态环境工程建设，加大公共交通设施投入，为公众绿色出行提供便利条件，凝聚公众参与生态文明建设。具体做法：

(1)公共车辆方便出行。双台子区以通行无死角，建设安全便利居住环境为目标，大力发展公共交通。一是确保市区居民出行便利，全区现有公交线路 18 条，公交车 282 台，全部是新型绿色环保公交车；二是确保农村居民出行快捷，全区行政村全部通了柏油硬化路，通了小客车或公交车，为农村居民出行提供了良好的出行条件；三是全区共有出租车 813 台，全部以压缩天然气为燃料，成为绿色出行重要的交通工具。基本实现了农村公共交通全覆盖，达到了特色指标"农村交通覆盖率≥80，不降低"的要求。

(2)自行车或步行绿色出行。全区居民充分认识到绿色出行保护环境的现实意义，使用自行车或者步行出行已经成为居民追求的健康生活方式。区委、区府积极创造绿色出行环境。一是对道路全面改造升级，人行道铺设共计 82 公里，为居民步行提供了安全通畅的出行条件;二是在三条主要道路铺设自行车专用道共计 22.1 公里,极大提高了骑自行车出行的安全性和便捷性;三是积极支持共享单车投放,北京摩拜科技有限公司 2017 年、2018 年投放单车年均 5500 台。

近年来,通过加大基础设施投入和绿色出行宣传引导,全区乘坐公交车、骑自行车、步行等绿色方式出行率逐年上升。2016 年、2017 年、2018 年,绿色方式出行人数占交通出行总人数分别为 62%、64%、65%。

2.7　规划增加特色工作分析与主要安排

为确保创建工作完成规划在生态生活领域人居环境改善方面,增加的具有双台子区生态文明建设特色的 6 项指标,通过积极安排、全面落实,基本完成以下工作任务。

全区农业镇村创建工作全力推进基础设施建设提升工程、公共服务提升工程:18 个行政村全部通了柏油硬化路,通了小客车或公交车,实现了农村公共交通基本全覆盖;依托 18 个村的村卫生室基础,实现了农村医疗卫生室全覆盖;氧化塘建设村人均面积不低于 2 平方米,基本实现了村屯氧化塘全覆盖;完成入户桥建设 6471 座,实现了村屯入户桥全覆盖;新建村标准化澡堂 6 个,农村标准化澡堂覆盖率 83%;新建村标准化超市 6 个,农村标准化超市覆盖率 89%。

第 3 章　创建工作评估与效益评价

依据双台子区创建国家生态文明建设示范区规划,全区深入开展了生态制度、生态安全、生态空间、生态经济、生态生活、生态文化等六大领域的生态文明建设工作,尤其是通过实施重点工程建设任务,促进了社会、经济和环境协调发展,取得了显著的经济效益、社会效益和生态效益。

3.1　国家指标考核自查

生态环境部 2019 年发布的《国家生态文明建设示范市县建设指标》,包含生态制度、生态安全、生态空间、生态经济、生态生活、生态文化六个领域共 40 项指标。县区创建工作考核要求 34 项指标。

目前,在双台子区委、区政府的正确领导下,全区国家生态文明建设示范区创建工作,经过三年的实施,在各职能部门全面执行、广大人民群众积极参与、巩固创建初期部分指标已经达标的基础上,通过持续推进、全面落实重点工程任务,基本完成了《双台子区国家生态文明建设示范区规划(2016—2019 年)》提出的创建目标和工作任务,34 项建设指标的考核验收标准自查情况见表 3-1。我们认为基本达到考核验收要求。

表 3-1 双台子区国家生态文明建设示范区创建自查情况

领域	任务	序号	指标名称	单位	指标值	自检结果	适用范围
生态制度	(一) 目标责任体系与制度建设	1	生态文明建设规划	—	制定实施	制定,并实施	市县
		2	党委政府对生态文明建设重大目标任务部署情况	—	有效开展	部署,并有效开展	市县
		3	生态文明建设工作占党政实绩考核的比例	%	≥20	100	市县
		4	河长制	—	全面实施	全面实施	市县
		5	生态环境信息公开率	%	100	100	市县
		6	依法开展规划环境影响评价	% —	市:100 县:开展	开展	市县
生态安全	(二) 生态环境质量改善	7	环境空气质量 优良天数比例 PM$_{2.5}$浓度下降幅度	%	完成上级规定的考核任务;保持稳定或持续改善	完成上级规定的考核任务;持续改善	市县
		8	水环境质量 水质达到或优于Ⅲ类比例提高幅度 劣Ⅴ类水体比例下降幅度 黑臭水体消除比例	%	完成上级规定的考核任务;保持稳定或持续改善	完成上级规定的考核任务;持续改善	市县
		9	近岸海域水质优良(一、二类)比例	%	完成上级规定的考核任务;保持稳定或持续改善	不考核	市
	(三) 生态系统保护	10	生态环境状况指数 干旱半干旱地区 其他地区	%	≥35 ≥60	农村地区EI≥60;城区EI=52.8,基本达标	市县
		11	林草覆盖率 山区 丘陵地区 平原地区 干旱半干旱地区 青藏高原地区	%	≥60 ≥40 ≥18 ≥35 ≥70	18.2	市县

续表

领域	任务	序号	指标名称	单位	指标值	自检结果	适用范围
生态安全	（三）生态系统保护	12	生物多样性保护 国家重点保护野生动植物保护率 外来物种入侵 特有性或指示性水生物种保持率	% — %	≥95 不明显 不降低	没有重点保护野生动植物；外来物种入侵不明显；特有性或指示性水生物种保持率不降低	市县
		13	海岸生态修复 自然岸线修复长度 滨海湿地修复面积	公里 公顷	完成上级管控目标	不临海，不考核	市县
	（四）生态环境风险防范	14	危险废物利用处置率	%	100	100	市县
		15	建设用地土壤污染风险管控和修复名录制度	—	建立	基本建立	市县
		16	突发生态环境事件应急管理机制	—	建立	建立	市县
生态空间	（五）空间格局优化	17	自然生态空间 生态保护红线 自然保护地	—	面积不减少，性质不改变，功能不降低	稳定，没有减少、改变与降低	市县
		18	自然岸线保有率	%	完成上级管控目标	不临海，不考核	市县
		19	河湖岸线保护率	%	完成上级管控目标	35,完成上级管控目标	市县
生态经济	（六）资源节约与利用	20	单位地区生产总值能耗	吨标准煤/万元	完成上级规定的目标任务；保持稳定或持续改善	完成上级规定的目标任务,保持稳定	市县
		21	单位地区生产总值用水量	立方米/万元	完成上级规定的目标任务；保持稳定或持续改善	完成上级规定的目标任务,保持稳定	市县
		22	单位国内生产总值建设用地使用面积下降率	%	≥4.5	6.08	市县
		23	碳排放强度	吨/万元	完成上级管控目标	不考核	市
		24	应当实施强制性清洁生产企业通过审核的比例	%	完成年度审核计划	不考核	市

续表

领域	任务	序号	指标名称	单位	指标值	自检结果	适用范围
生态经济	（七）产业循环发展	25	农业废弃物综合利用率 　秸秆综合利用率 　畜禽粪污综合利用率 　农膜回收利用率	%	≥90 ≥75 ≥80	95.8 98 90	县
		26	一般工业固体废物综合利用率	%	≥80	98.1	市县
生态生活	（八）人居环境改善	27	集中式饮用水水源地水质优良比例	%	100	100	市县
		28	村镇饮用水卫生合格率	%	100	100	县
		29	城镇污水处理率	%	市≥95 县≥85	95	市县
		30	城镇生活垃圾无害化处理率	%	市≥95 县≥80	100	市县
		31	城镇人均公园绿地面积	平方米/人	≥15	不考核	市
		32	农村无害化卫生厕所普及率	%	完成上级规定的目标任务	99.36	县
	（九）生活方式绿色化	33	城镇新建绿色建筑比例	%	≥50	66.4	市县
		34	公共交通出行分担率	%	超、特大城市≥70； 大城市≥60； 中小城市≥50	不考核	市
		35	生活废弃物综合利用 　城镇生活垃圾分类减量化行动 　农村生活垃圾集中收集储运	—	实施	全面实施	市县
		36	绿色产品市场占有率 　节能家电市场占有率 　在售用水器具中节水型器具占比 　一次性消费品人均使用量	% % 千克	≥50 100 逐步下降	不考核	市
		37	政府绿色采购比例	%	≥80	86.27	市县
生态文化	（十）观念意识普及	38	党政领导干部参加生态文明培训的人数比例	%	100	100	市县
		39	公众对生态文明建设的满意度	%	≥80	95	市县
		40	公众对生态文明建设的参与度	%	≥80	94.6	市县

3.2　特色指标考核自查

规划要求的生态生活领域人居环境改善方面增加的,具有双台子区生态文明建设特色的 6 项指标任务,通过创建工作结合全区国家指标要求,融入重点工程任务之中,也基本完成了提出的具体目标和工作任务,6 项特色指标的考核验收标准自查情况见表 3-2。

表 3-2　双台子区生态文明建设示范区特色指标

领域	任务	指标名称	单位	指标值	自查结果	适用范围
生态生活	人居环境改善	农村交通覆盖率	%	≥80,不降低	基本全覆盖	陆家镇、统一镇
		农村标准化澡堂覆盖率	%	≥80,不降低	83	陆家镇、统一镇
		农村标准化超市覆盖率	%	≥80,不降低	89	陆家镇、统一镇
		农村医疗卫生室覆盖率	%	≥80,不降低	全覆盖	陆家镇、统一镇
		村屯入户桥覆盖率	%	≥80,不降低	全覆盖	陆家镇、统一镇
		村屯氧化塘覆盖率	%	≥80,不降低	全覆盖	陆家镇、统一镇

3.3　创建工作经济效益

双台子区通过创建国家生态文明建设示范区,推动了经济发展。创建期间,全区深入落实党的十九大及十九届二中、三中全会精神,全面学习贯彻习近平总书记在辽宁考察时和在深入推进东北振兴座谈会上重要讲话精神,坚持稳中求进工作总基调,围绕实现高质量发展目标,统筹推进稳增长、促改革、调结构、惠民生、防风险各项工作,全区经济保持平稳发展。

2018 年,全区在地口径地区生产总值实现 162.7 亿元,同比增长 1.1%。其中:第一产业增加值实现 1.5 亿元,第二产业增加值实现 89.8 亿元,第三产业增加值实现 71.4 亿元。全年进出口总额 6.9 亿元,其中出口总额 3.4 亿元,进口总额 3.5 亿元。实际利用外资实现 115 万美元。全区居民人均可支配收入实现 30540 元,同比增长 8.0%。

3.4　创建工作社会效益

通过国家生态文明建设示范区规划项目的实施,使双台子区的基础设施更加完善,城乡生态环境更加优美。

完成了向海大道平交道口、城北立交桥中间隔离护栏、城北街平交道口、辽河路大桥中间隔离护栏的维修改造工作。完成了谷家东站、八一系站、魏家泵站、高家泵站 4 座泵站维修更新工作。

提升城区街路和游憩景观，采取因地制宜适地树、精准栽植的原则，以金叶榆、垂柳、白蜡、国槐等乡土种为主，按照合理搭配、精准栽植的原则，打造自然生态景观，新增绿化面积 11.56 公顷。

全区共回收可回收垃圾 77.72 吨，餐厨等易腐垃圾 663 吨，提高了生活垃圾减量化水平，生活垃圾无害化处理率均达到 100%。实施城区路网升级改造，城镇污水处理率达到 95%。

随着绿色、环保、低碳生活理念的不断提高，双台子区委区政府高度重视生态环境及工程建设，加大公共交通设施投入，为公众绿色出行提供便利条件。以通行无死角，建设安全便利居住环境为目标，大力发展公共交通，全区现有公交线路 18 条，公交车 282 台，全部是新型绿色环保公交车。辖区三条主要道路铺设自行车专用道共计 22.1 公里，极大提高了骑自行车出行的安全性和便捷性。积极支持共享单车投放，北京摩拜科技有限公司 2017 年和 2018 年投放单车年均 5500 台。

通过规划工程与生态环境建设有机地结合，扎实做好各项民生实事，城乡居民对生活环境的基本需求得到保障，公众对生态环境的满意度显著提高，全区社会事业实现健康有序发展。

3.5 创建工作生态效益

通过创建国家生态文明建设示范区，三年来建立了生态环保建设投入保障机制，即在每年的土地出让金中，提取 1.5% 专项用于生态环境建设，确保生态环保投入高于财政收入增长，通过大力推进生态文明建设，城乡生态环境质量得到明显提升。自 2016 年以来，双台子区共淘汰燃煤小锅炉淘汰数量 80 台，共 259.65 蒸吨数，完成比例 100%。严格控制新建燃煤锅炉和新建燃煤锅炉准入，无新增燃煤锅炉。全面取缔露天烧烤。建成区全部并入集中供热管网，有效控制了烟尘和二氧化硫排放。

2018 年，双台子区城市环境空气质量良好，301 天达到国家环境空气质量二级标准，优良天数比例为 85.0%，位居全市第一，且比上年有所改善；$PM_{2.5}$ 浓度达到国家标准。全年环境空气质量达标率 84.2%，PM_{10}、$PM_{2.5}$ 年均浓度为 52 微克/立方米和 31 微克/立方米，环境空气质量综合指数位居全市第一。

随着碧水工程的实施，双台子区水环境治理工作取得了一定成效，全区境内已经彻底消灭了劣 V 类水体。为进一步巩固流域水环境质量已达到的效果，规划期内双台子区还需进一步提高城市污水处理水平、完善污水处理厂配套管网工程建设，全面提高污水设施运行负荷。到 2018 年，双台子区境内河流全部达到 V 类以上水体要求。集中式饮用水源地水质全部达标。

传承城市绿色基因,绿色生态城市特色得到进一步彰显。建成区新增绿地 3.3 平方公里。全区成功举办了"2018 辽宁秋季旅游暨首届盘锦辽河湿地国际灯会"生态旅游活动,"千人迎新"长跑、纪念改革开放 40 周年"鹤乡之夏"高雅艺术进社区巡演等活动。

农村环境综合整治在全区全面铺开,严控农业面源污染,全区投入仅 10 亿元。全区 20 多个行政村建成美丽村。小型河流湿地呈现"一湾碧水、两岸秀色"的美景,对调节生态平衡、改善空气质量起到了重要作用。

3.6　创建工作评估结论

双台子区国家生态文明建设示范区创建工作,通过规划引领,重点建设工程实施,以及多项生态环境建设工作的开展,对比《国家生态文明建设示范市县建设指标》的 34 项考核指标,已经基本达到创建国家生态文明建设示范区的验收标准,同时也基本完成了规划提出的 6 项特色指标要求。

双台子区从自身生态环境特色出发,因地制宜,统筹规划,发挥生态优势,大力培育和实施生态建设体系,优化经济增长方式,强化污染防治和生态环境建设,环境基础设施建设不断完善;积极发展高新技术产业和环保产业,主要污染物排放量得到有效控制,环境质量明显改善。区域发展步入了生产发展、生活富裕、生态良好的发展阶段。

生态文明建设是一个动态的社会发展过程,双台子区还需要加强生态文明建设的组织管理,发挥区域资源、环境、社会发展等多方面优势,不断地深入推进具有自身特色的切实可行的生态环境保护和社会经济建设工作。

第三部分
国家生态文明建设示范区的评估

国家生态文明建设示范区创建规划实施评估报告是在创建技术报告基础上,创建工作地区主管部门对规划实施成果的评估。涉及双台子区的评估文件是上级主管部门辽宁省生态环境厅预审、国家生态环境部核查的基本要件。

创建规划实施评估报告编制是根据规划目标、重大工程任务实施情况,对创建责任单位提交的工作情况资料、数据,统计分析、汇总;并通过现场考察,形成认定意见;再对照《国家生态文明建设示范市县建设指标》,对照规划创新增加的区域特色的6项考核指标,参考创建技术报告结论,实事求是进行的客观性评价。主要内容包括规划实施的成果评价、取得的效益评价,以及创建工作体会。

依据双台子区国家生态文明建设示范区规划(2016—2019年),全区创建工作深入开展了生态制度、生态安全、生态空间、生态经济、生态生活、生态文化六大领域的生态文明建设工作,尤其是通过实施重点工程建设任务,促进了社会、经济和环境协调发展,取得了较为显著的经济效益、社会效益和生态效益。

1. 重点工程建设得到全面实施

三年多来,创建国家生态文明建设示范区作为双台子区委、区政府"实施生态立区、建设绿色双台子"的一项重大决策,通过全区上下的共同努力,目前已经全面落实规划的15项重点工程任务,完成规划提出的工程任务占比达到86.67%,为创建工作考核达标提供了强有力的支撑。

2. 考核指标实现全面达标

按照《国家生态文明建设示范市县建设指标》,从生态制度、生态安全、生态空间、生态经济、生态生活、生态文化六个领域34项建设指标的基本内容,对双台子区创建规划实施情况评估,可以认为:目前,双台子区的创建工作经过三年多的实践,在区委、区政府的正确领导下,各职能部门的有力执行和广大人民群众的积极参与下,基本实现了34项考核指标达到验收标准,并同时完成了规划增加的具有双台子区特色的6项指标考核要求。

3. 创建工作成果效益显著

全区经济保持平稳发展。双台子区通过创建国家生态文明建设示范区,推动了经济发展。2018年,全区在地口径地区生产总值实现162.7亿元,同比增长1.1%。

全区居民人均可支配收入实现 30540 元,同比增长 8.0%。

全区社会事业健康有序发展。通过规划项目的实施,使全区的基础设施更加完善,其中城乡道路功能更加完善,城市绿地面积增加,河流水利工程设施更新,城乡生活垃圾无害化处理率、生活污水处理率不断提高,公共交通设施投入加大,公众绿色出行更加便利。

通过规划工程与生态环境建设的有机结合,扎实做好各项民生实事,城乡居民对生活环境的基本需求得到满足,随着绿色、环保、低碳生活理念的不断提高,公众对生态环境的满意度显著提高。

生态环境质量明显提升。通过创建国家生态文明建设示范区,三年来建立了生态环保建设投入保障机制,确保生态环保投入高于财政收入增长,通过大力推进生态文明建设,城乡生态环境质量得到明显提升。

规划实施评估结论。双台子区创建工作,经过规划引领、重点工程建设实施完成以及其他生态环境工作的配合,对比《国家生态文明建设示范市县建设指标》的生态制度、生态安全、生态空间、生态经济、生态生活、生态文化六大领域 34 项考核指标,已经基本达到了创建考核验收标准。

事实表明,创建工作从生态环境特色出发,因地制宜,统筹规划,发挥生态优势,大力培育和实施生态建设体系,优化经济增长方式,强化污染防治和生态环境建设,环境基础设施建设不断完善,环境质量明显改善。区域发展步入了生产发展、生活富裕、生态良好的健康良性发展阶段。

4. 生态文明建设示范区创建体会

国家生态文明建设示范区创建工作是保护和改善双台子区的生态环境,促进资源节约型社会和环境友好型社会建设,推动全区社会、经济和环境可持续发展伟大实践,回顾双台子区的创建工作历程,可以得出如下体会。

(1)"绿水青山就是金山银山"是理论基础

双台子区创建工作牢固树立"绿水青山就是金山银山"的发展理念,并在工作中深入贯彻执行。创建领导小组和成员单位,做到有组织、有计划、有制度、有方案、有检查、有总结,实现了组织领导、落实责任、宣传发动三到位,为创建工作打下了坚实的基础。

(2)省市职能部门精心指导是有力支持

创建工作离不开上级各部门的大力支持。辽宁省生态环境厅生态处、农村处,盘锦市生态文明建设和生态环境保护委员会的领导、专家多次深入双台子区,精心指导创建工作,使双台子区上下深受鼓舞、信心倍增,这是对全区创建工作的有力支持。

(3)加大规划建设投入是坚实保障

国家生态文明建设示范区创建只靠单一的投入模式是难以维系的,政府投入是关键,是推动区域生态环境改善的坚实保障。还必须调动和运用一切资源,本着"谁建设、谁受益"的原则,采取多种渠道,鼓励企业和个人投资,使创建工程顺利实施。

（4）全社会共同参与建设是强大动力

创建国家生态文明建设示范区既是各级党委、政府的重要工作,需要充分调动全社会参与生态建设的积极性和主动性,构建政府主导、社会公众广泛参与的工作格局,这是创建生态文明建设示范区的强大动力。

生态文明建设是一项永无止境的系统工程,在今后的工作中,双台子区将继续严格按照国家和省、市的生态环境工作要求,巩固、共享生态文明建设成果,积极促进生态文明示范区创建工作再上新台阶。

附： 双台子区国家生态文明建设示范区 规划实施评估报告

引　言

为贯彻落实党中央、国务院关于加快推进生态文明建设的决策部署，鼓励和指导各地以国家生态文明建设示范区为载体，全面树立"绿水青山就是金山银山"理念，积极推进绿色发展，不断提升区域生态文明建设水平，国家环境保护部于 2016 年发布了《国家生态文明建设示范区管理规程（试行）》《国家生态文明建设示范县、市指标（试行）》。双台子区委、区政府积极响应环境保护部的号召，委托辽宁省环境科学研究院编制了《双台子区生态文明建设示范区建设规划（2016—2018 年）》，并通过辽宁省环境保护厅专家组论证，经区人大常委会审议批准，区政府组织实施。

2019 年，全区的生态文明建设示范区创建工作鉴于生态环境部印发的《国家生态文明建设示范市县建设指标》《国家生态文明建设示范市县管理规程》和"绿水青山就是金山银山"实践创新基地建设管理规程（试行）"要求，对已经实施的规划进行修编，并按照《双台子区生态文明建设示范区建设规划（2016—2019 年）》（以下简称规划）持续地实施创建工作，以适应国家生态文明示范区建设工作的新要求。

按照《国家生态文明建设示范市县建设指标》考核要求，经自查基本达到了创建考核要求，形成《双台子区国家生态文明建设示范区规划实施评估报告》，申请考核验收。

双台子区国家生态文明建设示范区创建工作，宗旨是持续深化生态文明建设工作，把生态文明建设纳入全区社会发展的"五位一体"总体布局，以生态文明建设为抓手积极推进绿色发展，实行更严格的环境监督管理，着力构建资源节约型、环境友好型社会，不断提升区域生态文明建设水平。

第1章 双台子区示范区创建规划概述

双台子区生态文明建设示范区创建工作,全面落实党中央、国务院关于加快推进生态文明建设的决策部署,深入贯彻习近平总书记关于生态文明建设系列重要讲话精神,遵循"绿水青山就是金山银山""既要绿水青山,也要金山银山"的科学论断,牢固树立和贯彻落实"创新、协调、绿色、开放、共享"的发展理念,规划对标《国家生态文明建设示范市县管理规程》《国家生态文明建设示范市县建设指标》要求,提出了创建目标、重点工程任务。

1.1 创建目标和考核指标

规划提出的主要目标,具体是完成《国家生态文明建设示范市县建设指标》要求的生态制度、生态安全、生态空间、生态经济、生态生活、生态文化六个领域 34 项考核指标(见表 1-1),完成双台子区创建工作提出的具有特色的 6 项考核指标(见表 1-2)。

表 1-1 国家生态文明建设示范市县建设指标

领域	任务	序号	指标名称	单位	指标值	指标属性	适用范围
生态制度	(一)目标责任体系与制度建设	1	生态文明建设规划	—	制定实施	约束性	市县
		2	党委政府对生态文明建设重大目标任务部署情况	—	有效开展	约束性	市县
		3	生态文明建设工作占党政实绩考核的比例	%	≥20	约束性	市县
		4	河长制	—	全面实施	约束性	市县
		5	生态环境信息公开率	%	100	约束性	市县
		6	依法开展规划环境影响评价	%／—	市:100 县:开展	市:约束性 县:参考性	市县

续表

领域	任务	序号	指标名称	单位	指标值	指标属性	适用范围
生态安全	（二）生态环境质量改善	7	环境空气质量 优良天数比例 PM_{2.5}浓度下降幅度	%	完成上级规定的考核任务；保持稳定或持续改善	约束性	市县
		8	水环境质量 水质达到或优于Ⅲ类比例提高幅度 劣Ⅴ类水体比例下降幅度 黑臭水体消除比例	%	完成上级规定的考核任务；保持稳定或持续改善	约束性	市县
		9	近岸海域水质优良（一、二类）比例	%	完成上级规定的考核任务；保持稳定或持续改善	约束性	市
	（三）生态系统保护	10	生态环境状况指数 干旱半干旱地区 其他地区	%	≥35 ≥60	约束性	市县
		11	林草覆盖率 山区 丘陵地区 平原地区 干旱半干旱地区 青藏高原地区	%	≥60 ≥40 ≥18 ≥35 ≥70	参考性	市县
		12	生物多样性保护 国家重点保护野生动植物保护率 外来物种入侵 特有性或指示性水生物种保持率	% — %	≥95 不明显 不降低	参考性	市县
		13	海岸生态修复 自然岸线修复长度 滨海湿地修复面积	公里 公顷	完成上级管控目标	参考性	市县
	（四）生态环境风险防范	14	危险废物利用处置率	%	100	约束性	市县
		15	建设用地土壤污染风险管控和修复名录制度	—	建立	参考性	市县
		16	突发生态环境事件应急管理机制	—	建立	约束性	市县

续表

领域	任务	序号	指标名称	单位	指标值	指标属性	适用范围
生态空间	（五）空间格局优化	17	自然生态空间 　生态保护红线 　自然保护地	—	面积不减少，性质不改变，功能不降低	约束性	市县
		18	自然岸线保有率	%	完成上级管控目标	约束性	市县
		19	河湖岸线保护率	%	完成上级管控目标	参考性	市县
生态经济	（六）资源节约与利用	20	单位地区生产总值能耗	吨标准煤/万元	完成上级规定的目标任务；保持稳定或持续改善	约束性	市县
		21	单位地区生产总值用水量	立方米/万元	完成上级规定的目标任务；保持稳定或持续改善	约束性	市县
		22	单位国内生产总值建设用地使用面积下降率	%	≥4.5	参考性	市县
		23	碳排放强度	吨/万元	完成上级管控目标	约束性	市
		24	应当实施强制性清洁生产企业通过审核的比例	%	完成年度审核计划	参考性	市
	（七）产业循环发展	25	农业废弃物综合利用率 　秸秆综合利用率 　畜禽粪污综合利用率 　农膜回收利用率	%	≥90 ≥75 ≥80	参考性	县
		26	一般工业固体废物综合利用率	%	≥80	参考性	市县
生态生活	（八）人居环境改善	27	集中式饮用水水源地水质优良比例	%	100	约束性	市县
		28	村镇饮用水卫生合格率	%	100	约束性	县
		29	城镇污水处理率	%	市≥95 县≥85	约束性	市县
		30	城镇生活垃圾无害化处理率	%	市≥95 县≥80	约束性	市县

续表

领域	任务	序号	指标名称	单位	指标值	指标属性	适用范围
生态生活	（八）人居环境改善	31	城镇人均公园绿地面积	平方米/人	≥15	参考性	市
		32	农村无害化卫生厕所普及率	%	完成上级规定的目标任务	约束性	县
	（九）生活方式绿色化	33	城镇新建绿色建筑比例	%	≥50	参考性	市县
		34	公共交通出行分担率	%	超、特大城市≥70；大城市≥60；中小城市≥50	参考性	市
		35	生活废弃物综合利用城镇生活垃圾分类减量化行动农村生活垃圾集中收集储运	—	实施	参考性	市县
		36	绿色产品市场占有率节能家电市场占有率在售用水器具中节水型器具占比一次性消费品人均使用量	%%千克	≥50100逐步下降	参考性	市
		37	政府绿色采购比例	%	≥80	约束性	市县
生态文化	（十）观念意识普及	38	党政领导干部参加生态文明培训的人数比例	%	100	参考性	市县
		39	公众对生态文明建设的满意度	%	≥80	参考性	市县
		40	公众对生态文明建设的参与度	%	≥80	参考性	市县

表 1-2　双台子区生态文明建设示范区特色指标

领域	任务	指标名称	单位	指标值	指标属性	适用范围
生态生活	人居环境改善	农村交通覆盖率	%	≥80，不降低	参考性	陆家镇、统一镇
		农村标准化澡堂覆盖率	%	≥80，不降低	参考性	陆家镇、统一镇
		农村标准化超市覆盖率	%	≥80，不降低	参考性	陆家镇、统一镇
		农村医疗卫生室覆盖率	%	≥80，不降低	参考性	陆家镇、统一镇
		村屯入户桥覆盖率	%	≥80，不降低	参考性	陆家镇、统一镇
		村屯氧化塘覆盖率	%	≥80，不降低	参考性	陆家镇、统一镇

　　规划修编的目标：2019 年度双台子区国家生态文明建设示范区创建工作全面通过国家、省考核验收，力争获得"国家生态文明建设示范区"荣誉称号。

1.2 规划重点工程任务

规划在建设目标可达性分析的基础上,根据原规划需要继续实施的和本次规划新增的,共安排了 15 项重点工程任务,并按照工程建设的必要性及投资概算,明确了工程建设要求,提出了具体时间表,见表 1-3。

表 1-3 双台子区生态环境建设重点工程

序号	工程名称	工程单位	建设期限	总投资(万元)	建设规模与效益	进展
1	辽河干流堤坡绿化工程	区水利局	2016—2019	880	辽河干流堤防城市段迎背水坡绿化,长度 14100 米,绿化面积 634 亩	规划
2	辽河干流堤防养护工程	区水利局,区住建局	2016—2019	250	辽河干流小柳河口至陆新界堤防及堤防管理范围养护,长度 17350 米,主要内容为堤防及保护范围修复、绿化、保洁、堤顶路面维修和设施维修等	规划实施
3	辽河干流水榭春城段水环境综合整治工程	区水利局	2016—2019	600	以整治现有湿地公园为主,通过工程人工干预消除防洪风险、改善生态,恢复自然环境,进一步提升辽河水质。治理面积 950 亩	规划实施
4	大气环境综合治理工程	区环境保护局	2016—2019	300	重点工业大气污染源安装在线监测系统;在电力、水泥、化工等行业中空气污染物排放量较大的企业强制安装脱硫除尘设施;拆除小锅炉;严禁秸秆禁烧;取缔黄标车;餐饮业油烟改造;推广道路湿式清扫;加强施工扬尘监管等	规划实施
5	清洁燃料用车改造工程	区发改委,区交通局,区环境保护局	2016—2019	500	改造公交车为油电混用,出租车改造为天然气	规划
6	河流水系综合整治工程	区水利局	2016—2019	1000	主要包括小柳河、一统河、太平河及干渠的景观、截污、河岸公用设施配套工程及水利工程	规划

序号	工程名称	工程单位	建设期限	总投资（万元）	建设规模与效益	进展
7	土地集约节约利用增效工程	区国土资源局	2016—2019	260	在加强土地利用统计数据管理的基础上,通过规模引导,对建设用地实行总量控制。优化布局,引导用地集中,促进整体设计、合理布局,建设项目用地节约集约开发。标准控制,严格执行项目用地控制指标,按照国家建设用地指标要求的投资强度控制指标、土地划分等、土地类进行审批	规划
8	土壤污染综合防治工程	区环境保护局	2016—2019	200	建立污染防控和修复名录机制;大力推广生态农业,采用生物措施,禁用高毒、高残留农药;加强工业"三废"治理	规划实施
9	城区道路绿化带工程	区住建局	2016—2019	380	城区道路绿化带绿化面积8万平方米。城区广场绿化面积2万平方米	规划
10	生物资源保护工程	区农经局,区水利局,区住建局	2016—2019	20	全面实施外来入侵物种美国白蛾和豚草防治	规划实施
11	优化调整畜禽养殖业生产工程	区农业局,区环境保护局	2016—2019	80	全区实现畜禽养殖业规范化、标准化生产,合理布局。培育集畜禽养殖、屠宰、肉类加工于一体的大中型畜禽屠宰加工"龙头"企业集团	规划
12	实施化肥和农药零增长行动工程	区农业局,区环境保护局	2016—2019	120	主要农作物测土配方施肥实现全覆盖率;畜禽粪便养分还田率达到60%以上;机械施肥占主要农作物种植面积的40%以上,主要农作物肥料利用率达到40%以上,化肥使用量实现零增长。减少化学农药使用量,主要农作物病虫害绿色防治覆盖率达到30%以上,农药利用率达到40%以上,实现农药使用量零增长	规划实施
13	推进农业废弃物资源化利用工程	区农业局,区环境保护局	2016—2019	580	农作物秸秆还田量达到考核标准。推广应用标准地膜,引导农民回收废旧地膜和使用可降解地膜,加快建立政府引导、企业实施、农户参与的农膜回收利用体系,支持建设废旧地膜回收初加工网点及深加工利用	规划实施

续表

序号	工程名称	工程单位	建设期限	总投资（万元）	建设规模与效益	进展
14	农村环境治理工程	区农业局，区环境保护局	2016—2019	800	完善农村垃圾户集、村收、镇运、区处理的运行体系。建立农村环境治理经费保障机制，按400人左右配备1名保洁员的标准建立乡村环卫队伍，实现乡村保洁长效化。2个镇10个村达到省级环境优美村镇标准	规划实施
15	环境信息管理能力建设项目	区环境保护局	2016—2019	50	完善区创建国家生态文明建设网站，发布环境信息、政务公开、在线服务，提供与公众互动交流的重要平台。网站开设"公众对生态文明建设参与活动""公众对生态文明建设的满意度调查"专栏	规划实施
投资总额		3210万元				

　　规划建设工程的实施，使双台子区的经济结构、产业结构持续优化，加快转变了发展方式和消费模式；城乡建设提档升级，融合发展的空间布局进一步优化，着力改善城乡生态环境；社会事业全面进步，人民群众的幸福指数进一步提升；政府树立大生态理念，依法行政务实高效，自身的建设水平进一步加强；促进了人和自然和谐，统筹推进规划任务，为完成双台子区创建国家生态文明建设示范区的目标提供了坚实的保障。

第2章　创建规划实施评估

　　双台子区开展国家生态文明建设示范区创建工作以来，区委、区政府举全区之力，广泛动员全区人民群众，在辽宁省生态环境厅、盘锦市生态环境局的指导和关怀下，积极落实规划任务，紧紧围绕本区生态环境质量实质性改善和国家生态文明建设示范区考核验收要求，按照《双台子区国家生态文明建设示范区规划（2016—2019年）》全面展开。

2.1　重点工程建设评估

三年多来,创建国家生态文明建设示范区作为双台子区委、区政府"实施生态立区、建设绿色双台子"的一项重大决策,通过全区上下的共同努力,目前已经全面落实规划的 15 项重点工程任务,完成规划提出的工程任务占比达到 86.67%,为创建工作取得成效提供了强有力的支撑,见表 2-1。

表 2-1　双台子区重点工程建设实施情况统计表

序号	工程名称	工程单位	建设期限	总投资（万元）	建设规模与效益	进展
1	辽河干流堤坡绿化工程	区水利局	2016—2019	880	建设辽河干流堤防城市段迎背水坡绿化带,长度 14100 米;绿化面积 634 亩	完成
2	辽河干流堤防养护工程	区水利局,区住建局	2016—2019	250	辽河干流小柳河口至陆新界堤防及堤防管理范围养护长度 17350 米	完成
3	辽河干流水榭春城段水环境综合整治工程	区水利局	2016—2019	600	通过工程人工干预消除防洪风险、改善生态,恢复自然环境,整治湿地公园,进一步提升辽河水质。治理面积 950 亩	完成
4	大气环境综合治理工程	区环境保护局	2016—2019	300	重点工业大气污染源安装在线监测系统;在电力、水泥、化工等行业中空气污染物排放量较大的企业强制安装脱硫除尘设施;全部拆除小锅炉;推广道路湿式清扫;加强施工扬尘监管等	完成
5	清洁燃料用车改造工程	区发改委,区交通局,区环境保护局	2016—2019	500	改造公交车为油电混用,出租车改造为天然气	完成
6	河流水系综合整治工程	区水利局	2016—2019	1000	建设小柳河、一统河、太平河及干渠的景观、截污、河岸公用设施配套工程及水利工程	完成
7	土地集约节约利用增效工程	区国土资源局	2016—2019	260	对建设用地实行总量控制,按照国家建设用地指标要求的投资强度控制指标、土地划分等、土地类进行审批。建设项目用地节约集约开发	完成

序号	工程名称	工程单位	建设期限	总投资（万元）	建设规模与效益	进展
8	土壤污染综合防治工程	区环境保护局	2016—2019	200	建立污染防控和修复名录机制；大力推广生态农业，采用生物措施，禁用高毒、高残留农药；加强工业"三废"治理	完成
9	城区道路绿化带工程	区住建局	2016—2019	380	城区道路绿化带绿化面积8万平方米。城区广场绿化面积2万平方米	完成
10	生物资源保护工程	区农经局，区水利局，区住建局	2016—2019	20	全面实施外来入侵物种美国白蛾和豚草防治	完成
11	优化调整畜禽养殖业生产工程	区农业局，区环境保护局	2016—2019	80	培育集畜禽养殖、屠宰、肉类加工于一体的大中型畜禽屠宰加工"龙头"企业集团	完成
12	实施化肥和农药零增长行动工程	区农业局，区环境保护局	2016—2019	120	主要农作物测土配方施肥实现全覆盖率；畜禽粪便养分还田率达到60%以上；机械施肥占主要农作物种植面积的40%以上，主要农作物肥料利用率达到40%以上，化肥使用量实现零增长。减少化学农药使用量，主要农作物病虫害绿色防治覆盖率达到30%以上，农药利用率达到40%以上，实现农药使用量零增长	实施
13	推进农业废弃物资源化利用工程	区农业局，区环境保护局	2016—2019	580	农作物秸秆还田量达到考核标准。推广应用标准地膜，引导农民回收废旧地膜和使用可降解地膜，加快建立政府引导、企业实施、农户参与的农膜回收利用体系，支持建设废旧地膜回收初加工网点及深加工利用	实施
14	农村环境治理工程	区农业局，区环境保护局	2016—2019	800	完善农村垃圾户集、村收、镇运、区处理的运行体系。建立农村环境治理经费保障机制，按400人左右配备1名保洁员的标准建立乡村环卫队伍，实现乡村保洁长效化。两个镇10个村达到省级环境优美村镇标准	完成

续表

序号	工程名称	工程单位	建设期限	总投资 (万元)	建设规模与效益	进展
15	环境信息管理能力建设项目	区环境保护局	2016—2019	50	区创建国家生态文明建设网站发布环境信息、政务公开、在线服务,提供与公众互动交流的重要平台。网站开设"公众对生态文明建设参与度""公众对生态文明建设的满意度调查"专栏	完成
投资总额					3210万元	

2.2　国家指标考核评估

目前,通过全面实施规划要求的15项重点工程,已经全面完成了其中的13项重点工程,正在实施仅剩余2项重点工程,取得了创建工作目标基本实现、重点工程任务基本完成的成绩。对照国家生态文明建设示范区考核要求的34项指标,规划实施评估结果如下。

考核指标1:生态文明建设示范区规划

双台子区委、区政府积极响应国家环境保护部的号召,2019年在前期规划的基础上,通过修编,开始实施《双台子区国家生态文明建设示范区规划(2016—2019年)》,并且完成了重点工程13项,正在实施重点工程仅剩余2项,使得创建工作目标实现、重点工程任务基本完成。

该项指标达到了"规划制定并实施"的考核要求。

数据来源:区人民政府。

考核指标2:党委、政府对生态文明建设重大目标任务部署情况

为全面整体推进创建工作,成立了区国家生态文明示范区建设领导小组。领导小组由区委、区政府主要领导任组长,各职能部门主要领导为成员,统一领导和组织全区的各项工作,协调资源配置,运用行政手段,确保规划落实。

领导小组办公室负责组织实施规划提出的具体任务,处理日常具体事务。先后出台了《双台子区各级人民政府主要领导生态文明实绩考核方案》《双台子区党政领导干部生态环境损害责任追究办法》等管理制度,制定了《双台子区国家生态文明建设示范区创建工作实施方案》《双台子区生态建设专项行动计划》等工作计划,编写了《双台子区生态文明建设道德规范》《双台子区建设公民行为手册》,在区政府网站设立了"环境保护""生态文明"专栏。形成了全区上下创建工作有组织、任务有落实、人人知晓的良好环境。

该项指标达到了"区委、区政府对生态文明建设重大目标任务部署有效开展"的考核要求。

数据来源:区委组织部、区绩效办。

考核指标3:生态文明建设工作占党政实绩考核的比例

双台子区创建领导小组针对规划提出的具体工作内容和要求,连续三年实行年度双台子区各街镇社区直各部门领导班子工作实绩考核实施方案目标责任制。

方案主要制定年度计划,分解落实建设任务,明确责任单位、责任个人,由区政府与相关责任单位签订目标责任书,确保各项工作和任务的组织落实、任务落实、措施落实。

创建领导小组和组织部门组成考核办,统一组织对领导干部进行绩效考核。考核办依据《双台子区关于加快推进生态文明建设的意见》及《双台子区生态建设专项行动计划实施方案》精神,将生态文明建设指标纳入区绩效考核体系之中,指标分值28分,占比28%。

该项指标达到了"生态文明建设工作占党政实绩考核的比例≥20%"的考核要求。

数据来源:区委组织部、区绩效办。

考核指标4:河长制全面实施

全区深入贯彻落实中共中央办公厅、国务院办公厅印发《关于全面推行河长制的意见》文件精神,按照《盘锦市实施河长制工作方案》要求,结合实际,全面开展河长制工作。

同时成立河长制办公室,实现了区、街镇、村(社区)三级河道"河长制"管理责任体系,分级分段管理,明确责任区域加强日常监督。制度建立后,各级河长认真履行职责,部门协调联动,河长制工作取得了阶段性成效,在河道管理保护涉及的日常维护、监管、执法等方面,开展了多种形式的专项行动。

该项指标达到了"河长制全面实施"的考核要求。

数据来源:区水利局。

考核指标5:生态环境信息公开率

区政府网站设置了"环境保护""生态文明"专栏,按照国家要求主动公开相关环境信息。2016年以来,累计公开相关环境信息387条,公开率为100%。

该项指标达到了"生态环境信息公开率100%"的考核要求。

数据来源:区政府、区环境保护局。

考核指标6:依法开展规划环境影响评价

根据《中华人民共和国环境影响评价法》,对《辽宁盘锦精细化工产业园区建设规划》《盘锦市陆家工业园建设规划》2个重大专项规划,从"规划实施可能对相关区域、流域生态系统产生的整体影响;可能对环境和人群健康产生的长远影响;经济效益、社会效益与环境效益之间以及当前利益与长远利益之间的关系"等方面开展了规划环境影响评价,并依据评价结论对规划进行了调整与完善。

该项指标达到了"依法开展规划环境影响评价"的考核要求。

数据来源：区环境保护局。

考核指标 7：环境空气质量

双台子区 2017 年、2018 年的环境空气质量评价使用盘锦市环境监测站设立的监测点位数据见表 2-2、表 2-3。

表 2-2 双台子区 2016—2018 年环境空气监测数据（年均）

单位：微克/立方米

年份	$PM_{2.5}$	PM_{10}	SO_2	NO_2
2016	40	67	27	28
2017	31	57	40	21
2018	31	51	31	24
执行标准 GB 3095—2012	35	70	60	40

表 2-3 双台子区 2016—2018 年环境空气质量天数

年份	有效监测天数	达标		轻度污染		中度污染		重度污染		严重污染	
		天数（天）	比例（％）	天数（天）	比例（％）	天数（天）	比例（％）	天数（天）	比例（％）	天数（天）	比例（％）
2016	366	280	76.5	61	16.7	18	4.9	7	1.9	0	0
2017	365	276	79.3	69	19.8	17	4.9	3	0.9	0	0
2018	354	281	81.9	58	16.4	12	3.3	3	0.8	0	0
2018 与 2016 比较	—	提高 1	提高 5.4	下降 3	下降 0.3	下降 6	下降 1.6	下降 4	下降 1.1		

统计数据分析可得：2018 年，PM_{10} 低于 68 微克/立方米、$PM_{2.5}$ 低于 38 微克/立方米，优良天数比例高于 78％。全年环境空气质量达标率为 81.9％，PM_{10}、$PM_{2.5}$ 年均浓度为 51 微克/立方米、31 微克/立方米，符合质量二级标准；优良天数比例为 81.9％，提高幅度为 5.4％；重污染天数比例下降幅度为 1.1％。完成辽宁省 2018 年重点城市考核任务中盘锦 $PM_{2.5}$ 年均浓度低于 43 微克/立方米、优良天数比例高于 75.8％，及盘锦市政府与双台子区政府签订的目标责任书任务。

该项指标达到了"环境空气优良天数比例，$PM_{2.5}$ 浓度下降幅度均完成上级规定的考核任务，保持稳定或持续改善"的考核要求。

数据来源：区环境保护局。

考核指标 8：水环境质量

地表水质量：2018 年，辽河盘锦全河段及各断面水质均符合Ⅳ类功能区标准，水质状况均为轻度污染；小柳河、一统河、螃蟹沟、太平河的水质状况均保持稳定。

地下水质量：盘锦市有 4 个水源地属地下水开采，水质较好。通过原辽宁省环境保护厅等省直五部门确认，兴一、兴南、盘东水厂和大洼水源部分水井已经完成了关闭，全部由地表水源替代。2018 年，水质基本达标，总体良好。

水环境质量整体评价：2018 年度，盘锦市参加《辽宁省水污染防治行动工作方案》实施情况考核，水环境质量目标完成情况综合评价等级为良好。目前，双台子区没有黑臭水体。

该项指标达到了"完成上级规定的考核任务，保持稳定"的考核要求。

数据来源：区环境保护局。

考核指标 10：生态环境状况指数

双台子区生态环境质量状况评价采用盘锦市生态环境质量报告书的结论。数据显示，盘锦市每年进行 1 次生态环境质量状况评价，土地利用/覆被数据由省站统一分发，每年以县和市区为评价单元，共计 3 个评价单元。由于数据获取的原因，本次生态环境状况分析为 2017 年的状况。

2017 年，盘锦全市范围生态环境状况指数为 65.7，生态环境质量总体状况为良。双台子区 2017 年的 EI＝52.8 与 2016 年的 EI＝49.8 对比，提升了 3.0 个百分点。可以得出：在创建国家生态文明示范区的三年里双台子区的生态环境状况指数没有降低且取得了较大提升。

如果考虑双台子区作为盘锦石油工业城市的建成区，由于长期以来城市发展导致全区土地利用类型中耕地、林草地和水域（湿地）的面积比例小，建设用地较大，在历年的省级评价生态环境质量评价中一直是土地胁迫指数的关键影响因子，且对总体评价贡献较大；再参考双台子区周边"以农村生态环境区域为基础考核的盘山县、大洼区的 EI 分别为 66.3、67.0，生态环境质量状况均为良，生物多样性较丰富，适合人类生存的情况"的结果，可以推测：双台子区陆家镇、统一镇作为紧邻盘山县、大洼区的农村区域，其生态环境状况客观上应该与其相似，生态环境状况指数是能够达到 60 以上的。因此，建议本次该项指标通过考核。并根据双台子区创建工作的实际情况，将其纳入生态文明示范区持续建设的重点任务。

该项指标基本达到"生态环境状况指数≥60"的考核要求。

数据来源：区环境保护局。

考核指标 11：林草覆盖率

创建工作实施 3 年来，全区通过宜居乡村和美丽乡村建设，围绕村屯绿化、园区绿化、沟渠绿化、道路绿化等工程，以"栽满栽严"为原则，大力开展城乡绿化工作。

2018 年林木覆盖面积达到 21.48 平方公里，林草覆盖率为 18.2%。

该项指标达到了"林草覆盖率≥18%"的考核要求。

数据来源：区国土资源局、区农业局。

考核指标 12：生物多样性保护

双台子区是盘锦市城市环境为主体的 2 个建成区之一。根据盘锦市生物资源调查结果显示,区内没有国家重点保护野生动植物分布,没有特有性或指示性水生物种分布,外来物种入侵仅有 2 种常见的豚草、美国白蛾。

创建期间,在原来防治外来物种入侵工作的基础上,区农村经济局为全面加强美国白蛾防治工作,保护城市生态安全,结合实际,制定《美国白蛾防治实施方案》,建立美国白蛾防治长效机制。通过采取综合治理措施压缩发生面积,实行专业防治和群防群控相结合,控制发展范围,加大对辖区内路林的防治力度,确保疫情不蔓延,把危害程度降到最低。

该项指标达到了"外来物种入侵不明显"的考核要求。

数据来源:区国土资源局、区农业局、区环境保护局。

考核指标 13:海岸生态修复

双台子区没有海域,该项指标不考核。

数据来源:区国土资源局。

考核指标 14:危险废物利用处置率

按照国家《危险废物管理办法》的要求,产生危废企业需要签订危险废物处置协议,办理危险废物转移申请,将危险废物运往有资质处理的单位进行无害化处理。

双台子区产生的危险废物主要分为工业危险废物和医疗垃圾。2016—2018 年,共产生工业危险废物 2048 吨,实际处理量为 2048 吨,处理率 100%。

全区医疗机构产生医疗废物全部签订处置协议,送至盘锦市有毒有害废弃物处理站或京环公司处置。

该项指标达到了"危险废物利用处置率 100%"的考核要求。

数据来源:区环境保护局、区工信局。

考核指标 15:建设用地土壤污染风险管控和修复名录制度

为加强工业企业用地环境监督管理,有效控制污染地块的环境风险,根据法律法规和文件要求,2017 年原双台子区环境保护局成立土壤污染治理专业股室,并配备专业人员负责工作。完成《双台子区土壤污染防治工作方案》(双区政发〔2017〕13号)编制工作,成立了区土壤污染防治工作领导小组。对全区重点行业企业 49 家的建设用地进行土壤详查,采集了相关基础数据。目前正在进行数据审核、按照相关要求建立重点行业企业"一企一档"。

2018 年,对双台子区土壤污染状况进行摸底采样,共完成 50 个点位调查,并送交市监测站检测。

该项指标基本达到了"建设用地土壤污染风险管控和修复名录制度建立"的考核要求。

数据来源:区环境保护局、区国土资源局。

考核指标 16:突发生态环境事件应急管理机制

双台子区依据相关的法律、法规、规章,2016 年制订了《双台子区突发环境事件应急预案》,设立了突发环境事件应急处置领导小组,作为全区突发环境事件应急管理工作的专项领导协调机构。

应急领导小组办公室设在区城建局和区环境保护局,应急预案明确其负责环境应急领导小组办公室的日常工作和日常应急值班。创建期间的三年内,双台子区域内未发生重大和特大突发环境事件。三年内无国家或相关部委认定的资源环境重大破坏事件;无重大跨界污染和危险废物非法转移、倾倒事件。

该项指标达到了"建立突发生态环境事件应急管理机制"的考核要求。

数据来源:区环境保护局。

考核指标 17:自然生态空间

根据盘锦市生态红线划定工作的统一管理制度,2018 年全区受保护地国土面积为 12.11 平方公里,其中林地面积 2.82 平方公里、湖滨公园面积 1.67 平方公里、生态红线区面积 7.62 平方公里。受保护地占国土面积比例为 9.54%,受保护地占非建成区国土面积比例为 15.05%。形成了支撑经济社会可持续发展的生态安全屏障体系和优美的生态景观格局。

该项指标达到了"自然生态空间面积不减少,性质不改变,功能不降低"的考核要求。

数据来源:区国土资源局、区环境保护局。

考核指标 18:自然岸线保育率

双台子区不临海,该项指标不考核。

数据来源:区国土资源局。

考核指标 19:河湖岸线保护率

双台子区境内共有 4 河,分别是辽河、小柳河、一统河、太平河,河道总长度约 51.64 公里。

2018 年,辽河双台子段的 19.64 公里河道,其中双台子桥的上下游超过 7 公里的岸线,通过"退养还湿工程"已经恢复为自然岸线;再综合考虑"组织流域面积在 50 平方公里以上的河道和水面面积在 1 平方公里以上的湖泊岸线利用管理规划编制工作"的要求,以及目前小柳河全长 6 公里的岸线,有约 2 公里长的河道为自然岸线。因此,双台子区的 25.64 公里的自然河道,有 9 公里的岸线为自然岸线,保护率为 35%。符合有关管控要求。

该项指标达到了"河湖岸线保护率达到管控目标"的考核要求。

数据来源:区水利局。

考核指标 20:单位地区生产总值能耗

2016 年以来,全区严格按照上级下达的各项节能控制指标,实行地区耗能总量控制。

统计数据表明:2016 年,双台子区 GDP 能耗为 0.69 吨标准煤/万元;2017 年双台子区 GDP 能耗为 0.68 吨标准煤/万元,2018 年双台子区 GDP 能耗为 0.68 吨标准煤/万元。全区连续三年低于考核标准和控制目标值 0.7 吨标准煤/万元,已达到考核标准。

另据盘锦市政府下达的节能指标考核统计数据,2016 年能耗对比 2015 年,全区公共机构人均综合能耗、单位建筑面积综合能耗同比分别下降 6.66%、14.69%;2017 年能耗对比 2015 年,公共机构人均综合能耗、单位建筑面积综合能耗同比分别下降 37.51%、41.4%,考核成绩为优秀。

该项指标达到了"单位地区生产总值能耗完成上级规定的目标,保持稳定"的考核要求。

数据来源:区统计局、区发展改革局、区环境保护局。

考核指标 21:单位地区生产总值用水量

2016 年以来,全区严格按照上级下达的各项水资源总量控制标,实行地区用水总量控制。

统计数据表明:2018 年双台子区用水总量 7385 万立方米。2018 年,地区生产总值用水量 45.39 立方米/万元,完成上级规定目标,全区连续三年保持波动性减少状态,见表 2-4。

表 2-4 双台子区 2016—2018 年地区生产总值用水量

类别	2016 年	2017 年	2018 年
用水总量(万立方米)	7176	6690	7385
地区生产总值 GDP(亿元)	132	152.7	162.7
地区生产总值用水量(立方米/万元)	54.36	43.81	45.39

该项指标达到了"单位地区生产总值用水量完成上级规定的目标,保持稳定"的考核要求。

数据来源:区统计局、区工信局、区环境保护局。

考核指标 22:单位国内生产总值建设用地使用面积下降率

2016 年,地区生产总值为 132 亿元,建设用地规模为 4519 公顷,单位地区生产总值用地面积为 0.051 亩/万元,单位地区生产总值用地面积下降率为-4.53%。

2017 年地区生产总值为 152.7 亿元,建设用地规模为 4574 公顷,单位地区生产总值用地面积为 0.045 亩/万元,单位地区生产总值用地面积下降率为 12.5%。

2018 年地区生产总值为 162.7 亿元,建设用地规模为 4577.32 公顷,单位地区生产总值用地面积为 0.042 亩/万元,单位地区生产总值用地面积下降率为 6.08%。

总的来看,近三年来全区的单位地区生产总值用地面积有下降趋势。分析双台子区创建期间,2016—2018 年工业增加值、工业用地、单位工业用地工业增加值统计数据。可以得出:2018 年的单位工业用地工业增加值显著提高,达到 152 万元/亩,见表 2-5。

表 2-5　双台子区 2016—2018 年单位工业用地工业增加值情况

类别	2016 年	2017 年	2018 年
年度工业增加值（万元）	463000	616000	664000
工业用地（亩）	4582	4408	4362
单位工业用地工业增加值（万元/亩）	101	139	152
考核标准	单位工业用地工业增加值≥80 万元/亩		
达标情况	2016—2018 年单位工业用地工业增加值均达到 80 万元/亩以上		

该项指标达到了"单位地区生产总值用地面积下降率≥4.5％"的考核要求。

数据来源：区国土资源局、区工信局、区环境保护局。

考核指标 25：农业废弃物综合利用率

通过调查统计，近三年来，全区粮食秸秆年产量约 7 万吨，全部为水稻秸秆，利用形式以粉碎还田（采用收割机加挂切碎机，稻茬高度不高于 10 厘米）为主，占比约 66％。2018 年全区鼓励家庭农场、种粮大户等经营主体收低茬，能源燃料化利用显著提高，主要有稻草压块、直销电厂、农户直燃等方式，三年占比为 23％，其余为饲料化利用。2016 年、2017 年、2018 年全区秸秆综合利用率分别为 95.2％、95.4％、95.8％。

全区 2016 年共有规模养殖场 8 家，2017 年关闭畜禽养殖禁养区的 7 家。2018 年末，现有盘锦哥弟养殖有限公司规模养殖场 1 家，主营生猪养殖，位于统一镇统一村。该场产生的畜禽粪便通过堆积发酵还田，污水沉淀发酵还田，实现资源化利用。全区畜禽养殖场粪便综合利用率达到 98％，见表 2-6。

表 2-6　双台子区 2016—2018 年畜禽养殖场粪便综合利用情况

年度	畜禽粪便产生总量（吨）	畜禽粪便利用量（吨）	不同方式利用量（吨）		综合利用率
			沉淀发酵还田	堆积发酵还田	
2016	3021.86	2900.99	2256.36	765.50	96％
2017	2649.50	2649.50	2104.16	545.34	100％
2018	736.32	736.32	719.38	16.94	98％

双台子区有 2 个镇以农业生产为主，耕地面积为 4228 公顷，其中水田 4198 公顷。目前，在农户节约生产成本的意愿下，使用的农膜基本能够自觉的回收利用，平均超过 90％。

该项指标基本达到了"秸秆综合利用率≥90％，畜禽粪污综合利用率≥75％，农膜回收利用率≥80％"的考核要求。

数据来源：区农业局、区环境保护局。

考核指标 26：一般工业固体废物综合利用率

2018 年，盘锦市固体废物产生量为 148.7 万吨，其中双台子区固体废物产生量约 30.78 万吨，约占总量的 20.8％。

全区全年固体废物综合利用量为 118.3 万吨,占产生量的 79.5%;处置量为 30.5 万吨,占产生量的 20.5%。其中,双台子区综合利用量占产生总量 25.9%,达到了 98.1%。

该项指标达到了"一般工业固体废物综合利用率≥80%"的考核要求。

数据来源:区统计局、区工信局、区环境保护局。

考核指标 27:集中式饮用水水源地水质优良比例

双台子区内没有集中式饮用水水源地,全区饮用水全部来自城市自来水厂。该项指标可以不考核。

数据来源:区水利局、区环境保护局。

考核指标 28:村镇饮用水卫生合格率

双台子区农村地区都是集中供水,水源地周边划定了一级和二级保护区,制定了保护办法,强化了保护措施。2018 年,依据《生活饮用水卫生标准检验方法》(GB/T 5750)对水质常规指标和非常规指标进行检测,以《生活饮用水卫生标准》(GB 5749—2006)评价,城区市政供水水样枯水期达标率为 100%。

该项指标达到了"村镇饮用水卫生合格率 100%"的考核要求。

数据来源:区水利局、区环境保护局。

考核指标 29:城镇污水处理率

双台子区建设有规模为 10 万吨/日的城市污水处理厂,建成区污水管网覆盖率 100%,且建成区的生活污水排放管网全部可排到盘锦市第二污水处理厂。

近年来,为改善农村生态环境、提升居民生活品质,区委、区政府认真践行"绿水青山就是金山银山"理念,以农村生活污水集中处理设施建设为切入点,坚持"试点先行"。通过实施农村生态氧化塘建设工程,卫生厕所和农村小型污水处理设施建设,进一步提高农村污水处理水平,改善农村地表水水质。2016 年、2017 年、2018 年,全区的城镇污水处理率均为 95%。

该项指标达到了"城镇污水处理率≥85%"的考核要求。

数据来源:区住建局、区环境保护局。

考核指标 30:城镇生活垃圾无害化处理率

双台子区政府与盘锦京环环保科技有限公司于 2016 年就已经签订"大京环城乡生活垃圾、生活污水全面收集、转运、无害化处理协议",对双台子区的生活垃圾、生活污水全覆盖 100%安全处置。

该项指标达到了"城镇生活垃圾无害化处理率≥80%"的考核要求。

数据来源:区住建局、区环境保护局。

考核指标 32:农村无害化卫生厕所普及率

全区认真落实《双台子区 2018—2020 年"厕新革命"三年行动实施方案》(双区委办发〔2018〕21 号)、《双台子区 2018 年农村无害化卫生厕所建设与改造实施方案》(双区爱卫办字〔2018〕7 号),全面推进农村卫生厕所建设工作。

2018年,全区改厕工作要求实现院外厕所100%入院或入户,院内简易厕所100%拆除。卫生厕所普及率为99.36%。

该项指标达到了"农村无害化卫生厕所普及率完成上级规定的目标任务"的考核要求。

数据来源:区农业局、区环境保护局。

考核指标 33:城镇新建绿色建筑比例

2018年,双台子区引导房地产开发企业按照《绿色建筑评价标准》(GB/T 50378—2014)要求,在全区仅有的新开工的恒大滨河世家在建14万平方米项目,当年完成绿色建筑面积9.3万平方米,新建绿色建筑比例达到66.4%。另据调查得到,2016年新建绿色建筑比例达到47.9%,2017年新建绿色节能建筑比例达到49.6%。

目前,区政府严格要求房地产开发企业按照《绿色建筑评价标准》(GB/T 50378—2014)中绿色建筑部分,强制性执行标准要求。

该项指标达到了"城镇新建绿色建筑比例≥50%"的考核要求。

数据来源:区住建局、区统计局。

考核指标 35:生活废弃物综合利用

双台子区政府与盘锦京环环保科技有限公司于2016年就已经签订"大京环城乡生活垃圾、生活污水全面收集、转运、无害化处理协议",全面启动城区街道垃圾分类工作,并开展城镇生活垃圾分类减量化行动。

同时,在村镇又通过村庄环境综合整治行动,统一镇、陆家镇也全面实施农村生活垃圾集中收集储运,京环公司定期转运处理,最大限度资源化利用,并全力推进基础设施建设提升工程,陆家镇完成入户桥建设6471座,实现了村屯入户桥全覆盖,达到了特色指标"村屯入户桥覆盖率≥80%,不降低"的要求;全力推进公共服务提升工程,提高浴池运营管理水平,建设公共浴池6个,实现了农村标准化澡堂覆盖率83%;提高超市运营管理水平,新建标准超市6个,实现了农村标准化超市覆盖率89%,达到了特色指标"农村标准化澡堂覆盖率≥80%,不降低""农村标准化超市覆盖率≥80%,不降低"的要求;持续保证全区的18个村卫生室提供全年365天不休息服务,实现了农村医疗卫生室全覆盖,达到了特色指标"农村医疗卫生室覆盖率≥80%,不降低"的要求;提高氧化塘建设水平,实现人均面积不低于2平方米,基本实现了村屯氧化塘全覆盖,达到了特色指标"村屯氧化塘覆盖率≥80%,不降低"的要求。

该项指标达到了"实施生活废弃物综合利用"的考核要求,并分别达到了5项特色指标的考核要求。

数据来源:区住建局、区统计局、区农业局。

考核指标 37:政府绿色采购比例

2017年,双台子区政府绿色采购规模为511.31万元,占同类产品政府采购规模的比例为80.95%。2018年,在政府采购规模增加的情况下,绿色采购比例也继续增加,达到86.27%。

该项指标达到了"政府绿色采购比例≥80％"的考核要求。

数据来源:区统计局、区财政局。

考核指标 38:党政领导干部参加生态文明培训的人数比例

2016 年开始,双台子区环境保护局牵头组织对全区科级领导干部进行推进生态文明建设专题培训,依托市委党校举办两期科级领导干部进修班,对全区科级以上领导干部进行集中培训。目前,全区科级以上干部都参加过生态文明培训,比例达到 100％。

该项指标达到了"党政领导干部参加生态文明培训的人数比例 100％"的考核要求。

数据来源:区组织部、区环境保护局。

考核指标 39:公众对生态文明建设的满意度

2018 年 12 月,双台子区生态环境局对辖区内居民随机发放生态文明建设方面的调查问卷 1000 份,收回有效问卷 928 份。调查结果显示,公众对全区生态文明建设工作的满意度达到 95％以上。

该项指标达到了"公众对生态文明建设的满意度≥80％"的考核要求。

数据来源:区环境保护局。

考核指标 40:公众对生态文明建设的参与度

双台子区在国家生态文明建设示范区创建过程中,(1)创建领导小组,利用多种媒体广泛宣传创建工作重大意义、目标和任务,基本形成了创建工作家喻户晓;(2)举办科级以上领导干部的培训班,推进规划任务的落实,培训比例达到 100％;(3)通过区政府网站的环境保护、生态文明专栏,宣讲创建工作进度、任务完成情况等相关信息;利用重大专项建设的机会,向广大公众介绍创建工作的目标和任务要求,取得了人人参与、家家受益,企事业单位积极投入,项目全面落实,为创建工作奠定了坚实的基础,基本形成了全社会共同创建国家生态文明建设示范区的良好局面。

2019 年 5 月 7 日,区生态环境局对公众参与生态文明建设情况进行问卷调查,发放调查问卷 1000 份,收回有效问卷 956 份。统计分析结果是,公众对生态文明建设的参与度达到 94.6％。

该项指标达到了"公众对生态文明建设的参与度≥80％"的考核要求。

数据来源:区环境保护局。

第 3 章　规划实施评估结论

依据双台子区创建国家生态文明建设示范区规划,全区深入开展了生态制度、生态安全、生态空间、生态经济、生态生活、生态文化等六大领域的生态文明建设工作,尤其是通过实施重点工程建设任务,促进了社会、经济和环境协调发展,取得了显著的经济效益、社会效益和生态效益。

3.1 重点工程建设全面实施

三年多来,创建国家生态文明建设示范区作为双台子区委、区政府"实施生态立区、建设绿色双台子"的一项重大决策,通过全区上下的共同努力,目前已经全面落实规划的 15 项重点工程任务,完成规划提出的工程任务占比达到 86.67%,为创建工作取得成效提供了强有力的支撑。

3.2 考核指标全面达标

按照《国家生态文明建设示范市县建设指标》的示范县(含县级市、区)的考核要求,从生态制度、生态安全、生态空间、生态经济、生态生活、生态文化六个领域 34 项建设指标的基本内容,对双台子区创建规划实施情况评估,可以认为:目前,双台子区的创建工作,经过三年多的实践,在区委、区政府的正确领导下,各职能部门的有力执行和广大人民群众的积极参与下,基本实现了 34 项考核指标均达到验收标准的成绩,并同时完成了规划增加的具有双台子区特色的 6 项指标要求。

3.3 创建工作效益显著

全区经济保持平稳发展。双台子区通过创建国家生态文明建设示范区,推动了经济发展。2018 年,全区在地口径地区生产总值实现 162.7 亿元,同比增长 1.1%。其中:第一产业增加值实现 1.5 亿元,第二产业增加值实现 89.8 亿元,第三产业增加值实现 71.4 亿元。全年进出口总额 6.9 亿元,其中出口总额 3.4 亿元,进口总额 3.5 亿元。实际利用外资实现 115 万美元。全区居民人均可支配收入实现 30540 元,同比增长 8.0%。

全区社会事业健康有序发展。通过国家生态文明建设示范区规划项目的实施,使双台子区的基础设施更加完善,城乡生态环境更加优美。其中,城乡道路功能更加完善,城市绿地面积增加,河流水利工程设施更新,城乡生活垃圾无害化处理率、生活污水处理率不断提高,公共交通设施投入加大,公众绿色出行便利。

通过规划工程与生态环境建设有机地结合,扎实做好各项民生实事,城乡居民对生活环境的基本需求得到保障,随着绿色、环保、低碳生活理念的不断提高,公众对生态环境的满意度显著提高。

生态环境质量明显提升。通过创建国家生态文明建设示范区,三年来建立了生态环保建设投入保障机制,即在每年的土地出让金中,提取 1.5% 专项用于生态环境建设,确保环保投入高于财政收入增长,通过大力推进生态文明建设,城乡生态环境质量得到明显提升。

3.4　规划实施评估结论

双台子区创建国家生态文明建设示范区工作,经过规划引领、重点工程建设实施完成以及其他生态环境工作的配合,对比《国家生态文明建设示范市县建设指标》的生态制度、生态安全、生态空间、生态经济、生态生活、生态文化六大领域34项考核指标,已经基本达到了创建考核验收标准。

事实表明,双台子区从自身生态环境特色出发,因地制宜,统筹规划,发挥生态优势,大力培育和实施生态建设体系,优化经济增长方式,强化污染防治和生态环境建设,环境基础设施建设不断完善;积极发展高新技术产业和环保产业,主要污染物排放量得到有效控制,环境质量明显改善。区域发展已经步入了生产发展、生活富裕、生态良好的发展阶段。

3.5　创建工作体会

国家生态文明建设示范区创建是保护和改善双台子区生态环境,促进资源节约型社会和环境友好型社会建设,推动全区社会、经济和环境可持续发展伟大实践,只有在省、市两级生态环境保护部门的精心指导下,在区委、区政府的正确领导下,牢固树立"绿水青山就是金山银山"理念,不断加大投入,依靠全社会共同努力,才能取得扎实的成效。

(1)"绿水青山就是金山银山"是理论基础

双台子区创建工作牢固树立"绿水青山就是金山银山"的发展理念,在工作中创建领导小组和成员单位,做到有组织、有计划、有制度、有方案、有检查、有总结,实现了组织领导、落实责任、宣传发动三到位,为创建工作打下了坚实的基础。

(2)省市职能部门精心指导是有力支持

创建国家生态文明建设示范区是贯彻落实"绿水青山就是金山银山"理念的重要实践,是推动区域经济又好又快发展的有效途径,是坚持以人为本,改善民生的必然要求。回顾三年来的创建工作,离不开上级各部门的大力支持,辽宁省生态环境厅生态处、农村处,盘锦市生态文明建设和生态环境保护委员会的领导、专家多次深入双台子区,精心指导创建工作,使双台子区上下深受鼓舞,信心倍增,这是双台子区国家生态文明建设示范区的有力支持。

(3)加大投入全面规划建设是坚实保障

国家生态文明建设示范区创建只靠单一的投入模式是难以维系的,政府投入是关键,是推动区域生态环境改善的坚实保障。还必须调动和运用一切资源,本着"谁建设、谁受益"的原则,采取多种渠道,鼓励企业和个人投资公益事业、植树造林、生态型企业、绿色食品发展等项目,使生态绿化工程、蓝天工程、碧水工程、绿色文化工程、污染减排等工程顺利实施。

(4)全社会共同参与建设是强大动力

创建国家生态文明建设示范区既是各级党委、政府的重要工作,更是一项涉及社会方方面面的系统工程。为此,全区各级党委、政府开展多种形式的创建活动,充分调动全社会参与生态建设的积极性和主动性,构建了政府主导、社会公众广泛参与的工作格局,"发展经济是要务,保护环境是天职;经济是生命之根,环境是生存之本"的理念深入人心,形成了人人热爱环境,处处保护环境的氛围,这是创建生态文明建设示范区的强大动力。

双台子区目前环境保护全面达标;经济又好又快发展;自然资源得到有效保护;生态风险得到全面防控;生态文化初步形成;人民生活安定富足,形成了具有区域特色的生态文明体系,多年来未发生重特大突发环境事件。

生态文明建设是一项永无止境的系统工程,在今后的工作中,双台子区将继续严格按照国家和省、市的生态文明建设工作要求,深刻理解环境保护与经济发展的关系,继续加大投入,巩固生态文明建设成果,进一步加强生态环境基础设施建设,共享生态文明示范区创建成果,积极促进生态文明示范区创建工作再上新台阶。

附录一　青山沟村"绿水青山就是金山银山"实践创新基地建设实施方案(2021—2023年)

前　言

党的十九大以来,"绿水青山就是金山银山"成为国家发展意志和价值取向。践行"绿水青山就是金山银山"理念,坚持人与自然和谐共生,是加快形成节约资源和保护环境的发展空间格局、产业结构、生产方式、生活方式,深入落实党中央、国务院生态文明建设战略部署、建设美丽中国的必然途径和核心要义。

生态环境部贯彻落实习近平生态文明思想,以构建生态文明建设体系为重点,统筹推进"五位一体"总体布局,落实五大发展理念,组织"绿水青山就是金山银山"实践创新基地创建工作,旨在因地制宜的探索"两山"转化路径,凝练具有地方特色的"两山"转化模式,总结推广典型经验。

青山沟镇以习近平新时代中国特色社会主义思想和习近平生态文明思想为指导,牢固树立"绿水青山就是金山银山"理念,坚持实施"生态立镇、旅游兴镇"的发展战略,依托优越的生态环境,丰富的山区资源,培育新的经济增长点,生态农业、生态旅游业为主导产业的农业经济不断增长,成为宽甸县经济社会发展的排头兵。

青山沟村是青山沟镇政府、青山沟旅游中心所在地,生态环境、自然资源得天独厚。多年来,青山沟村响应国家、省、市和宽甸县政府的号召,始终把生态文明建设作为全局性、战略性的大事,坚持走"绿水青山就是金山银山"的生态发展之路,通过扎实开展"两山"转化实践,先后获得"全国生态文化村""辽宁省环境优化发展先进村""辽宁省生态村""辽宁省美丽乡村示范村""辽宁省乡村旅游示范村"等称号。实践表明,保护生态环境就是保护生产力,改善生态环境就是发展生产力。

目前,青山沟村按照生态环境部"两山"实践创新基地建设要求,组织编制《青山沟村"绿水青山就是金山银山"实践创新基地建设实施方案》(以下简称《方案》),开展"两山"实践创新基地创建工作。《方案》目标是基于全村在生态农业、生态旅游、生态环境保护等方面取得的成果,对照"两山"转化指数要求,抓住创建有利时机,持续探索"两山"转化有效路径,努力打造辽东地区生态文明建设的标杆,为示范引领"两山"基地建设提供具有特色的典型案例。

第 1 章　"两山"基地建设理论与意义

1.1　"两山"科学理论

"绿水青山就是金山银山"理论,是 2005 年时任浙江省委书记的习近平同志在湖州安吉考察时首次提出的科学论断。"绿水青山",是我们生存的资源环境,绿水青山蕴含着珍贵的物质基础,人类要生存发展,就应该保护好、利用好绿水青山;"金山银山",是社会经济发展的成果,要实现社会经济可持续发展,需要协调与绿水青山的辩证关系。社会经济实践中,我们应该全面把握"既要绿水青山,也要金山银山""宁要绿水青山,不要金山银山,绿水青山就是金山银山"的理论内涵。

2015 年 4 月,党中央、国务院发布《关于加快推进生态文明建设的意见》,将生态文明建设纳入"五位一体"总体布局,提出"坚持绿水青山就是金山银山,深入持久地推进生态文明建设"的要求;2015 年 9 月,又出台《生态文明体制改革总体方案》,要求"树立绿水青山就是金山银山"理念,加快建立系统完整的生态文明制度体系。党的十九大更进一步提出,加快生态文明体制改革,建设美丽中国,首次将"必须树立和践行绿水青山就是金山银山的理念"写入报告,修订的《中国共产党章程》总纲也明确指出,树立尊重自然、顺应自然、保护自然的生态文明理念,增强"绿水青山就是金山银山"的意识。

"两山"理论深刻阐述了辩证统一的哲学思想。无论是"先增长、后治理",还是"重保护、轻发展",都割裂了保护与发展的关系,显然是错误的。"两山"理论则是辩证地看待"绿水青山"和"金山银山"的关系,透彻地指出了如何妥善地处理发展中人与自然的关系,也就是只要在经济发展过程中遵循环境保护的基本原则,就能形成良性循环。"两山"理论不仅阐释了经济社会发展的基本规律,也为促进实现城乡一体化、乡村振兴提供了新思路。

"两山"理论在实践中不断地丰富与发展,这一理论必将引领我们走出一条具有中国特色的绿色发展、生态文明、美丽乡村的新道路。"两山"实践创新基地的建设,有利于落实可持续发展战略,有利于推进生态文明建设,有利于号召广大人民群众积极投身其中。

1.2　"两山"基地建设重要意义

1.2.1　践行习近平生态文明思想的重要举措

"两山"理论作为习近平生态文明思想的重要组成部分,深刻回答了发展与保护的关系,揭示了保护生态环境就是保护生产力,改善生态环境就是发展生产力的道理。开展"两山"实践创新,就是践行习近平生态文明思想,深入贯彻新发展理念,加快形成节约资源和保护生态环境的发展空间格局、产业结构、生产方式和生活方式,努力把经济活动、人的行为限制在自然资源和生态环境能够承受的限度之内,实现经济、社会与环境的可持续发展。

1.2.2　实现生态和经济良性发展的根本路径

青山沟村自然风光秀丽,资源环境得天独厚,乡村文化底蕴厚重。多年来,青山沟村合理地利用资源环境优势,以生态文化为龙头,以美丽乡村为抓手,积极发展生态农业、生态旅游,打造生态品牌;大力弘扬生态文明,树立环境保护意识,人人参与生态建设,成为辽东山区生态环境美丽、经济持续增长、农民收入不断提高、村容村貌显著改善、乡风民俗优秀的新农庄。实践表明,要实现生态优势变现经济优势,必须贯彻习近平生态文明思想,通过"两山"实践创新基地建设,让绿水青山源源不断地带来金山银山。

1.2.3　贯彻落实生态文明战略的具体实践

青山沟村立足实际,坚持生态优先、协调发展、绿色发展模式,积极开展"两山"实践创新,是落实国家生态文明建设战略部署在宽甸的具体实践,亦是县委、县政府和镇政府对青山沟村生态文明建设的具体要求。将"两山"基地建设作为发展的根本大计,把良好生态环境作为最普惠的民生福祉,全力打通"两山"的转化通道,可以推动习近平生态文明思想在青山沟落地生根、开花结果,为推动乡村振兴,筑牢辽东生态屏障、建设生态文明和美丽中国贡献力量。

1.3　青山沟村创建"两山"基地背景

近些年来,青山沟村在宽甸县委、县政府和青山沟镇政府的正确领导下,全面贯彻党的十八大、十九大和习近平总书记系列重要讲话精神,牢固树立"五大发展理念",坚持生态优先、绿色发展,积极践行"绿水青山就是金山银山"理念,不断加强生态环境保护力度、全面守护绿水青山。全村充分发挥生态环境优越,民族文化浓郁,旅游资源富集优势,大力发展生态农业,积极打造生态旅游业,发展多种经营,把生态效益更好地转化为经济效益、社会效益,不断寻求"两山"转化的有效路径,并融入社会经济发展之中,先后获得"全国生态文化村""全国休闲与乡村旅游星级企业""辽宁省环境优化发展先进村""辽宁省生态村""辽宁省美丽乡村示范村""辽宁省乡村旅游示范村"等荣誉称号。

目前,《国家"十四五"规划和 2035 年远景目标纲要》"专栏 12　促进边境地区发展工程",将宽甸县作为重点支持的边境城镇,将在以下方面提供支持:(1)推进兴边富民、稳边固边,大力改善边境地区生产生活条件,完善沿边城镇体系,支持边境口岸建设,加快抵边村镇、抵边通道建设。(2)推动边境贸易创新发展。(3)加大对重点边境地区发展精准支持力度;"第三十七章 提升生态系统质量和稳定性",宽甸划为重要生态系统保护和修复重大工程的东北森林带;"第三十二章第二节 推动东北振兴取得新突破",提出大力发展寒地冰雪、生态旅游等特色产业,打造具有国际影响力的冰雪旅游带。辽宁省"十四五"规划构建的全省"一圈一带两区"区域发展格局中,拥有丰富的森林资源和优质的水资源的宽甸县和其他 8 个县市组成了辽东绿色经济区,未来需要在协同推进生态优先、绿色发展上积极探索实践。

上述国家战略、省区规划为宽甸的社会经济发展提供了历史性的机遇;多重利好的政策下,青山沟村要积极依托生态优势,上下共同行动,积极推动生态要素向生产要素、生态财富向物质财富转变,持续打通"绿水青山就是金山银山"的转换通道,努力实现增收增绿"双赢"。

第 2 章 青山沟村自然社会经济概况

2.1 自然环境条件

2.1.1 地理位置范围

青山沟村位于宽甸满族自治县东北部,村域面积 40.6 平方公里。作为青山沟镇政府、青山沟旅游服务中心所在地,距丹东市约 160 公里,距宽甸县城 75 公里,建有公路青滴线、青庙线,全村道路"户户通"。

2.1.2 自然环境概况

青山沟村地处辽东山地丘陵区,为长白山脉与千山山脉过渡地带。地势自西北向南倾斜,平均海拔 550 米,有海拔 1288.9 米的八面崴山,以屏障之势立于村的北部,为宽甸、桓仁两县的天然界山。自然地貌以低山丘陵为主,河谷平原仅分布于沿河谷地。土地利用呈"九山半水半分田"的格局。

村域有雅河、石柱河、庙岭河及一些较小的溪流,均属浑江水系(浑江紧邻村域边缘),最终汇入鸭绿江。雅河的规模较大,青山沟村南面有浑江太平哨水库,东面有青山湖库区。

青山沟村雨雪丰沛,温度适宜,年无霜期 135 天左右,年降水量 1100～1200 毫米,年平均日照 2470 小时,年平均气温 7 摄氏度,年平均湿度为 70%。夏季气温一般不超过 30 摄氏度,冬季气温一般不低于零下 4 摄氏度。适宜玉米、大豆、水稻等作物生长。

2.1.3　自然资源概况

青山沟村土壤呈中性-偏酸性,山坡地为棕壤土,河川地为沙壤土,土质较肥沃。现有耕地面积 4194.52 公顷,其中基本农田保护区 119.82 公顷,占比 2.86%;一般农用地 308.42 公顷,占比 7.35%;建设用地 91.19 公顷,占比 2.18%;林业用地 3669.49 公顷,占比 87.47%;风景旅游用地 6.09 公顷,占比 0.15%。

全村位于温带针阔叶混交林区,植被覆盖率为 84.06%,森林以柞树、日本落叶松为主,树种有乔木 200 余种,阔叶树以柞树、枫树、桦树、白蜡为常见。

青山沟村水资源丰富,地表水以村内流经的河流汇水为主,水质优良,可以有效利用。地下水资源很丰富,水质硬度为 1.17 毫克/升,pH 值 6.47～8,矿物含量小于 1 克/升,水质优良。

村域矿藏丰富,目前已探明有铅、锌、铁、金、银、铜、铀等七种有色金属资源,尤以铅锌矿的储量最为丰富。

青山沟村生态良好,旅游资源特色鲜明。附近有挂钟砬子山、老杨前山、老郑前山和东山;有青山湖、雅河、石柱河、庙岭河"一湖三河";有林下参、山野菜、食用菌、板栗、林蛙、湖鱼等土特产品;有根雕、剪纸等非物质文化遗产。

2.2　经济社会状况

青山沟村属青山沟镇管辖,是镇政府所在地。村辖 14 个村民组,现有 1356 户 3314 人,汉族占总人口的 19%,满族占总人口的 80.7%,其他少数民族占总人口的 0.3%。

在镇党委、镇政府的直接领导下,村集体立足资源优势,按照"长短结合"的经济发展思路的引导,确立了"长抓农业和旅游、短抓工业,坚持生态立村、旅游兴村、文化活村、产业富村"的发展原则,落实党在农村的各项惠农政策,积极开展由传统农业向现代农业转型,以农民致富增收为主导,重点加强旅游业、林业、农业的特色产业建设,生态富民发展不断加快。主要产业为旅游服务、生态林业、生态农业及副产品初加工。村集体通过建设设施养殖业,发展特色旅游业,成立农民合作社,促进食用菌、中药材、林蛙、板栗等生产规模的扩大,使农业和农民的经济收入稳步增长。

2020 年,全村固定资产投资完成 750 万元,招商引资完成 1 亿元。农业总产值实现 539.6 万元,同比增长 20%。一般公共预算收入 460 万元,农民人均收入约 12000 元。

第3章 "两山"实践探索成效与问题分析

3.1 "两山"实践探索成效

近年来,青山沟村树立"绿水青山就是金山银山理念",坚定"生态优先、绿色发展"战略,积极推进生态文明建设,加大优质生态产品供给,推进绿色生产生活方式转型,不断改善人居环境,在"两山"转化实践探索中取得了较为显著的成绩。主要体现在构筑绿水青山,保值增值自然资本;发展生态经济,积极推进绿色富民惠民,推动"两山"转化;积极开展爱国卫生、生活垃圾分类等工作;建立河长制,不断完善相关创新体制机制,保障"两山"转化长效落实。

3.1.1 构筑绿水青山,保值增值自然资本

(1)生态环境质量持续向好

大气环境质量优良。2020 年,宽甸全县环境空气质量良好,优良率为 87.32%,有效天数为 347 天,其中优天数 127 天,占比 36.60%;良天数为 176 天,占比 50.72%;轻度污染天数为 38 天,占比 10.95%。空气质量优良率稳居全省前列。

2015 年,为了提升宽甸县旅游竞争力和知名度,充分展示县域旅游景区良好环境空气质量,县环境保护局建设了大气环境质量青山沟监测站。根据该站多年的春、夏两季,分晴、雨后时段监测数据,青山沟村青山湖景区的负氧离子浓度相对最高值为 32700 个/立方厘米。

水体环境质量优。村域地表水有雅河、石柱子河,均为浑江的支流。雅河水流多曲折,水量充沛,比降大,流域内水力资源丰富。青山沟村在全县范围内率先推行河(湖)长制,加强雅河流域综合治理力度,提高水环境质量。地表水水质类别常年达到Ⅱ类标准以上,集中式饮用水水源地水质达到Ⅱ类标准以上,达标率为 100%。

地下水主要为风化带网状裂隙、构造裂隙潜水。特点是泉眼多、涌水量小、富水性均一、水位埋藏浅,地下水多无色透明、无味、无臭。地下水水质良好,泉水饮用清凉可口。

青山沟村长期以来,通过树立宣传牌,入户发放宣传单等形式,向百姓宣传水源地保护的重要性,提高环境保护意识,强力推进饮用水水源地的水质安全工作。

(2)保护青山筑造生态安全屏障

依据 2020 年末辽宁省生态保护红线数据,青山沟村红线保护区面积为 2647.97 公顷,占村域面积约 60%。村域的挂钟碰子山、老杨前山、老郑前山和东山等森林资源丰

富,温带针叶阔叶混交林带中有生态公益林 2813 公顷、经济林 186 公顷,森林覆盖率达84.06%,树种以柞树、日本落叶松为主。有高等植物 98 科,1800 余种,其中木本 200 余种。有国家重点保护植物人参、东北刺参、钻天柳、水曲柳、核桃楸、野小豆、黄菠萝等。

青山沟村始终坚持"治水先治山,治山先治林"理念,实施林业体系化建设,开展大规模绿化行动,有序推进人工造林、森林抚育及道路绿化等项目。近 20 年来,①选择品种优质的,珍贵的红松树种,持续开展人工造林,人工栽种红松面积 67 公顷,目前林分林冠林相整齐,胸径达到 15～20 厘米,树高 1.5～2.5 米。由于采取人工嫁接的方式,促进快速产生经济效益。②人工造林、森林抚育日本落叶松 530 公顷,栽种的日本落叶松树干端直,姿态优美,叶色翠绿,生长初期较快,抗病性较强,具有较高的生态价值。③育林区设铁丝网圈定范围,购买苗木,补栽补种,禁止牲畜入内,禁止违法砍伐。采取设立标志警示牌,推行林长制,安排专人每天巡逻等措施加强森林资源保护。

青山沟村十分重视森林病虫害防治工作,不断加强和完善疫情防控管理,提高病虫害防控措施;持续提升森林植物检疫监管能力和执法水平,全力做好疫木检疫执法专项行动。此外,从造林规划设计开始,加强采种、育苗、造林、抚育、采伐、贮运等各个生产环节的科学管理,适地适树,营造混交林,创造生物丰富的混交林结构,形成有利于林木生长的生境,而不利于病虫害流行的环境,提高树木自身抗御自然灾害的能力。近几年,辽宁省部分市域松材线虫病情严重,松材线虫病是世界公认的重大植物疫病,传播蔓延较快,防治困难,是松树的一种毁灭性病害,对松林资源造成巨大破坏,严重威胁生态安全,自 2016 年全省已累积清理疫木近 200 万株。

青山沟村以高度的松材线虫病防控工作责任感、紧迫感,切实做好松材线虫病疫情防控工作,坚决阻止疫情向地区扩散蔓延,截至目前未发生松材线虫疫情,保障了区域的生态安全。

（3）保值增值自然资本

青山沟村牢固树立并践行"绿水青山就是金山银山"理念,走深走实生态产业化、产业生态化的"两化路",紧紧围绕"筑牢辽东重要生态屏障,建设山清水秀美丽之地"的目标,全村森林覆盖率提高,生态环境显著改善,自然资本加快增值,实现了生态效益、经济效益和社会效益三大效益的全面提高。

涵养水源效益:森林生态系统涵养水源能力强,功能主要表现为截留降水、涵蓄土壤水分、补充地下水、抑制蒸发、调节河川流量、缓和地表径流、改善水质和调节水温变化等。森林洪水季节可以蓄水防涝,干旱季节可以供水抗旱,故被誉为绿色水库。目前,青山沟村域森林涵养水源效益约 10 亿元/年。

固土保肥效益:森林地被物层、枯落物层截留降雨,降低雨水对土壤层的冲刷,减少地表径流侵蚀,防止水土流失。同时,使森林根系固定林地土壤,减少土壤肥力的损失,达到改善林地土壤结构的作用。目前,青山沟村域森林固土保肥效益约 8 亿元/年。

固碳释氧效益：森林生长通过光合作用生产干物质，可吸收大量的二氧化碳，释放大量氧气。据统计，森林每生产 1 立方米的木材，大约吸收 850 公斤二氧化碳，并释放大量的氧气。青山沟村每年不断提升林木覆盖率，积极响应国家碳中和的政策，森林碳汇将带来较好的经济效益。目前，青山沟村域森林固碳释氧效益约 2 亿元/年。

保护生物多样性效益：青山沟村森林覆盖率的提高，不仅能够提供大量的木材和林副业产品，而且在维持生物圈稳定、植被物种丰富等方面起着重要的作用，并带动林下经济的发展，促进人参、山野菜、林蛙等种养业增收。目前，青山沟村域森林保护生物多样性效益约 0.5 亿元/年。

净化环境效益：当地天然林区和人工造林的树种多样，林木多姿多色的冠型、枝叶、花果能美化环境，是可供观赏的自然美好景观。林木绿地对粉尘有明显的阻滞、过滤和吸附作用，据测定每公顷松林可吸尘 36 吨。目前，青山沟村域森林净化环境效益约 0.0025 亿元/年。

防风固沙效益：林木具有降低风速和改变风向的作用，一条疏透结构的防护林带，迎风面防风范围可达林带高度的 3～5 倍，背风面可达林带高度的 25 倍，在防风范围内，风速减低 20％～50％，如果林带和林网配置合理，可将灾害性风减缓成小风、微风。乔木、灌木、草的根系可以固着土壤颗粒，防止其沙化，或者把固定的沙土经过生物改变成具有一定肥力的土壤。目前，青山沟村域森林防风固沙效益约 0.02 亿元/年。

3.1.2 发展生态经济，绿色富民惠民

(1)绿水青山转化农林旅产业，生态经济蓬勃发展

近年来，青山沟村在镇政府的指导下，深化调整农业供给侧结构，按照农业分山上和平地两部分，山上以林下药菜为主。借助丰富的林业资源，每年完成特色经济林建设 10 公顷，发展特色林下经济 18 公顷。

2020 年，姜家堡组大力发展特色产业，在山地开发人参基地 40 公顷，实行围网监护，严禁人员越界、采伐、放牧、采野菜；依托青山沟资源优势，种植、采摘山野菜，包括食用菌、山野菜、大耳毛、蕨菜、赤笼芽，对接下游产品加工厂，培育村域特色产业品牌。

青山沟村水资源丰富，利用雅河支流引水养殖林蛙，发展淡水养殖鲤鱼、鲢鱼、鲶鱼、鲫鱼、池沼公鱼等，淡水鱼养殖面积约 340 公顷，除外售也供应旅游服务业，成为青山沟特色食品，深受旅客青睐。

青山沟村农业种植，主要以玉米和大豆为主。2018 年以来，村领导带领农民从传统向农业现代农业转型，大力发展设施农业。为推动农业经济结构调整，集体经济总投资 165 万元建设农业综合开发项目，通过土地流转新发展葡萄、软枣子等百果

园采摘园。建设葡萄园 20 公顷,冷棚 8 栋。建设软枣子基地 26 公顷,寒富苹果园 15 公顷。建设蓝莓、草莓暖棚 26 栋。并支持葡萄等农产品深加工和"三品一标"认证,鼓励创建著名商标和名牌产品。

青山沟村根据气候及土壤特征,开发了中药材五味子种植基地 20 公顷,赤芍种植面积 4 公顷,桔梗种植面积 4 公顷,林下参种植面积 20 公顷。2020 年新增种植辽五味子 20 公顷、赤芍 6 公顷,形成自身特色品牌,并与上海万仕诚药业公司达成合作意向,建设中药材加工厂一座,面向附近农村地区收购中药材进行深加工。

(2)强化旅游战略地位,创建满族特色小镇

青山沟地理环境优越,大力发展旅游业。青山沟国家级风景区面积 127 平方公里,水域辽阔,上下长达百余里,群山环绕。湖水清澈碧绿,风景秀丽,峡谷幽深,怪石林立,溪水潺潺,两岸万木参天,植被多为原始林态,树林葱郁,遮天蔽日,山清水秀,气势恢宏,景色迷人,素有"西有九寨沟,东有青山沟"之美誉。

其中青山湖景区部分属于青山沟村,全村以全域旅游统筹经济社会发展,以旅游服务为主的第三产业繁荣。全村以"省级满族特色旅游乡镇"建设为基础,以《青山沟满族特色旅游小镇总体规划》为蓝图,坚持"全域生态化、全村一体化、旅游高端化"的发展理念,全力推进景区基础设施、观光设施、休闲娱乐场所升级,形成了水上休闲区、中药材种植区、风光游览区、休闲度假区的特色旅游发展格局。

2020 年,全村生态旅游创收 580 万元。一是全程 3 公里的雅河漂流,年创造经济效益 80 万元;二是青山湖景区基础设施建设,打造生态旅游精品工程,年创收 100 万元;三是推进旅游文化发展,建设满族风情园,包括满族人文景观、满族历史文化景点,完善旅游服务配套设施,打造满族特色生态旅游品牌,全力推进"八旗山水谣"大剧院、满族民俗陈列馆、满族民俗大院、满族民宿、北方周庄等建设,以及满族村镇改造工程,展示特色旅游,年创收 400 万元;四是借助旅游资源优势,全村建设了旅游接待、食宿业,东兴三星级酒店、北方周庄、满家寨、天水宾馆、富林山庄现已全部运营,建有农家乐 100 余家、山货市场 2 个,助推了全镇和青山沟村经济的发展,年创收 90 万元,带动了生态旅游业的发展。

(3)绿水青山成果共享,实现绿色富民惠民

饮水安全工程建设。为保障饮水安全,村、镇两级共同投资 800 万元,建设了青山沟镇供水工程。供水工程水源利用大水沟的河拦蓄工程、大口井和深井,设计日供水能力为 560 立方米,总管线 4200 延长米,实现自来水入户,由青山沟镇自来水水厂负责运行管理,保障正常供水,做好水源巡查、工程运行管理、水质检测等工作。

生活垃圾处理工程建设。村镇两级共同建设了生活垃圾裂解厂,全力实施村庄垃圾清理。生活垃圾裂解厂采用新型无害化自燃裂解设备,配套建设垃圾裂解生产厂房等设施,处理后的废气分别经过喷淋、除异味、杀菌、吸附等达标排放,实现了垃圾无害化处理,优化了村民的生活环境。2019 年,投入资金 1.5 万元,按照"五指"分

类法,加强"户分类、户处理"的落实。具体做法是,发挥党员、代表的先锋模范作用,带头实行垃圾分类。调动村民主动参与意识,采取"1＋10"或"1＋N"的方式,落实"五指"分类法。组建垃圾分类检查组,定期深入农户开展检查。实现农户垃圾"户分类、户处理、零填埋"的要求,从根本上解决农村环境卫生"脏乱差"问题。

环境治理工程建设。通过每年定期疏通河道,清理垃圾,完成了庙岭等小流域治理 10 余处,雅河治理修建拦河坝 10 多处,青山湖沿岸整治,修建堤坝 20 公里,投入资金近 8000 万元。2020 年以来,共出动车辆 240 余台次,出动人员 300 人次,共清理河道 32 公里,清运垃圾 330 余吨。

生活污水处理工程建设。2020 年,村委会争取资金 305 万元,建设一座采用格栅＋调节、沉淀池＋MBR 一体化、反应器＋消毒处理工艺,设计规模为 100 立方米/天的污水处理厂。污水处理厂建成后将有效地避免污水直接流入水域,对改善生态环境、保护区域的地表水和地下水环境、提升村镇品位和促进经济发展具有重要意义。

农村厕所改造革命。近年来,村委会对具备条件且有改造意愿的家庭旱厕,优先通过翻建、改造、拆除等,实施了农村改厕工程,全村 100 多户农民和 100 多家宾馆酒店将室外的旱厕改为室内的水冲厕所。镇新建公共厕所 2 处。改造后,农村户用卫生厕所普及率达 80％以上。

村容村貌环境提升工程建设。近年来,按照打造"满族特色小镇"需要,全村实施了满族文化与绿色元素相结合的区域改造,更换满汉文字的广告牌匾 150 个,粉刷院墙 8500 平方米,更换 LED 太阳能路灯 300 余盏;修建了 5 处 2000 平方米文化广场、9000 平方米雅河景观路、6000 平方米雅河蓄水湖;争取上级支持,铺设了近 40 公里乡村油路,实施了公路两侧美化绿化。

旅游演出团体建设。青山沟镇历史上为女真部落地,历史发展形成了特有的满族语言、文字、节日活动等历史文化。近年来,先后建成满家寨、中华满族风情园、满族大剧院、八旗广场等文化设施,成立了满家寨民俗艺术团,打造了《八旗山水谣》满族风情大型歌舞表演节目。村委会每年组织多场公众演出,一方面丰富了村民的生活,提升文化素养;另一方面给参加演出团体的群众带来经济收益。

建立青山沟村《村规民约》章程。为了推进村民主法制建设,树立良好的民风、村风,创造安居乐业的社会环境,促进经济发展,建设民主、文明、法治、卫生的新农村,青山沟村制定了《村规民约》,内容涉及社会治安、村风民俗、邻里关系、婚姻家庭等方面。

3.1.3 推动"两山"转化,创新体制机制

青山沟村委会把握先机,确立"生态立村",建立了"村生态文明工作小组",科学合理利用生态资源,强化文明制度建设,先后制定了《青山沟村生态保护制度》《村规民约》《生活垃圾分类减量管理制度》,在全村开展生态文明建设,推进生态文明教育、生态文明宣传、生态农业科技等活动。

(1)建立青山沟村生态保护制度

为推进青山沟村生态文明教育、生态道德建设、生态农业科技等生态文明建设活动全面发展,村委会结合自身生态保护现状,制定了《青山沟村生态保护制度》。制度内容包括设立村容环境卫生管理小组;禁止随地吐痰和乱丢垃圾杂物;禁止在辖区范围内放养禽畜;保护绿化设施,不准砍伐树木、花草等。

(2)推行生态补偿

青山沟村积极保护生态环境,促进人与自然和谐发展,根据生态系统服务价值、生态保护成本、发展机会成本,2018 年资源补偿资金 3 万元,公益林补偿资金 3 万元;2019 年资源补偿资金 3 万元,公益林补偿资金 2.4 万元。

(3)不断完善"两山"基地建设

青山沟村设立了"两山"基地建设领导小组办公室,建立了领导小组主抓、领导小组办公室落实,小组成员具体实施的运行机制。同时,建立了目标责任制和评估考核机制等。

高度重视生态文明建设和环境保护制度建设,强化政策学习,制定生态文明工作管理制度,设立了生态护林员、护草员、河道管理员等生态公益岗位,参与生态建设,获取劳务报酬。制定了《青山沟村专业合作社管理办法》,指导村成立专业合作社,坚持党建引领,抓好基层组织建设,持续发挥基层党组织引领功能和服务功能,以村党组织为核心,广泛凝聚和发动群众、村组干部及在外成功人士参与到村集体经济中来,共同推动村集体经济发展,带动当地群众增收致富。引导外加工,打造青山沟品牌。

3.2 存在主要问题和机遇分析

3.2.1 存在的主要问题

对比国家、省发布的《"绿水青山就是金山银山"实践创新基地建设管理规程》要求,青山沟村在"两山"转化中仍存在不足之处,主要表现在以下方面。

(1)村容村貌环境卫生治理问题

一是村民对垃圾污染虽然深恶痛绝,但自身认识不足,自觉性不高,垃圾分类减量不明显,垃圾随时随处乱倒现象严重,环境卫生整治宣传教育不够。二是每年接待游客 10 余万人次,对环境卫生整治投入的人力、物力、财力还不足。三是组建了专门环卫队伍,但是垃圾箱、垃圾车等设备覆盖率低。四是沟边、河边、路边、房边私搭乱建,村道路两侧乱堆乱占现象严重,亟须加强整治。五是厕所革命还有较大的提升空间。目前,需要村加大投资力度。

(2)存在林地两乱和退化现象

青山沟村属于青山沟村国家级风景名区范围,生态环境至关重要。近年来,由于林材价格上涨,毁林、种参的林业"两乱"有所增加。再加上村民造林积极性不高等原因,过熟林占比逐年增加,生长明显衰退,不少林木枯立腐朽,枯损量很大,甚至超过生长量。主林木的高生长和直径生长基本停止,林冠破裂,郁闭度下降。青山沟作为生态旅游乡村,应加大生态保护力度,严厉打击林业两乱现象,减少林木采伐量,对林农实施补贴。

(3)特色小镇发展不够

青山沟村在满族风情特色乡村培育工作中,面临的困难和问题主要是:满族特色旅游商品开展缓慢,满族风情氛围不浓,旅游带动不足,综合效益有待于提高。投入资金不足,基础设施有待改善。需要给予政策支持,加大对基础设施投入力度,进一步完善满族特色生态旅游基础设施,营造良好的旅游环境。

(4)招商工作存在困难和问题

一是旅游业基础性投资大,周期较长,回报慢,单靠乡镇之力无法对接到大型企业进驻,在宣传对接上存在困难。二是各产业间的关联度、耦合度低,产业链条短,科技含量低,绿色化生产方式尚未形成,生态资源转化成经济效益的效率较低。无论是基于农业产业的农产品加工业,还是基于农业资源的乡村旅游,或是以旅游为主导的全域旅游,都未能形成产业有机融合。

(5)绿色有机农产品有待创新发展

2017年,青山沟村实行种植业结构调整,大软枣、富硒葡萄等处于起步发展阶段,还不具备建设农产品加工聚集区的规模和条件。此外,全村虽山林资源丰富,但受景区制约,限制开发,林下资源尚未得到有效利用,需要加大开发力度,强化结构调整,引进资金,建设加工企业。

(6)服务业设施建设水平需要提升

一是青山沟村的旅游基础设施,多建于20世纪90年代,比较陈旧,满足不了游客需求。二是农家乐缺乏统一标准,村里农家乐多处于单打独斗情况,缺乏统一的收费、管理标准。三是村旅游半年闲情况比较突出,冬季旅游项目少,且规模小、影响力也小。四是文化需要深度挖掘,2020年青山沟村举办了首届萨满文化节,上演《八旗山水谣》满族大戏,但是缺乏专业化、大师级的指导,很难上高层次,另外在旅游项目中满族文化体现不充分。

3.2.2 创建工作面临的机遇

(1)生态文明建设成为全社会的主旋律

党的十八大把生态文明建设纳入中国特色社会主义事业"五位一体"总体布局,生态文明建设成为党的执政理念和国家建设方略的重要组成部分,其战略性地位和基础性作用日益凸显。十九大报告明确指出,我们要建设的现代化是人与自然和谐共生的现代化,既要创造更多物质财富和精神财富,以满足人民日益增长的美好生活需要,也要提供更多优质生态产品,以满足人民日益增长的优美生态环境的需要。

随着党的十九大精神的贯彻落实,全社会对生态文明的认识将更加统一,行动将更加自觉,生态文明相关制度将更加健全,为青山沟村创建工作营造了良好的社会氛围。

(2)国家大力实施东北全面振兴战略

东北全面振兴战略是国家重要战略,在新的发展阶段,国家将继续为东北发展提供更为有利的政策环境,在国家政策的引导下,发达地区的资本、技术将会更多的投入东北,促进东北地区经济社会发展。

国家东北全面振兴战略的实施,为青山沟村的快速发展提供了良好的发展机遇。

(3)国家推进兴边富民政策

《国家"十四五"规划和 2035 年远景目标纲要》"专栏 12　促进边境地区发展工程",提出"推进兴边富民、稳边固边,大力改善边境地区生产生活条件,完善沿边城镇体系,支持边境口岸建设,加快抵边村镇、抵边通道建设。推动边境贸易创新发展。加大对重点边境地区发展精准支持力度",宽甸县被写进第一项重点支持的边境城镇中。作为特殊类型地区,宽甸满族自治县将获得支持。

《国家"十四五"规划和 2035 年远景目标纲要》的"第三十七章　提升生态系统质量和稳定性",宽甸县划进了重要生态系统保护和修复重大工程的东北森林带。"第三十二章第二节　推动东北振兴取得新突破"中,提到的大力发展寒地冰雪、生态旅游等特色产业,打造具有国际影响力的冰雪旅游带。这些对于自然资源极为丰富的宽甸,也都是发展机会。

在辽宁省构建的"一圈一带两区"区域发展格局中,拥有丰富的森林资源和优质的水资源宽甸县和其他 8 个县市组成了辽东绿色经济区,未来将在协同推进生态优先、绿色发展上积极探索实践。这些多重利好的政策,为青山沟村深入探索以生态优先、绿色发展为导向的高质量新路子,提供了实践路径和具体目标。

3.3　凝练总结已有的典型案例

多年来,青山沟村依托得天独厚的生态环境和文化资源优势,以"绿水青山就是金山银山"理念为指导,走出了一条具有青山沟村特色的生态绿色发展之路,带动村民脱贫致富,如今已经成为远近闻名的乡村生态旅游示范村。

3.3.1　实施培绿添景,增强生态产品供给能力

(1)践行绿色发展,推进生态致富

近年来,青山沟村累计完成人工造林工程总面积 35 公顷,基本上为红松果材兼用林。通过科学规划,针对苗木选育、标准化种植、病虫害防治等研究,将先进技术应用于红松种植,全面提升了红松覆盖率。通过退耕还林工程的实施,对青山沟村调整农业产

业结构、精准扶贫和乡村振兴、农民增收起到了推动作用,在提高生态效益、经济效益和社会效益方面取得初步成效。通过转变农业发展思路,积极探索"生态＋"创新模式,针对山区耕地面积相对较少的特点,因地制宜,发展特色产业,逐步探索走出一条绿色发展、生态富民的新路子。

一是生态效益显著。青山沟村属于山丘地区,土少石多,实施人工造林工程后,增加了森林植被,森林覆盖率明显提高,生物多样性指数增加,水土流失得到有效治理,生态环境明显改善。二是经济效益稳步增长。自实施退耕还林工程以来,坡耕地连片规模种植五味子、葡萄和苹果,每年除国家政策性补助外,还可以出售新鲜水果,收入可观。

(2)转型升级生态产业,构建特色农林体系

近年来,青山沟村在镇政府的指导下,深化农业供给侧改革,农业分山上和平地两部分,山上以林下药菜为主。青山沟村借助丰富的林业资源,每年完成特色经济林建设3公顷,发展特色林下经济7公顷。

2020年,姜家堡组成立辽宁林下柱参有限公司,在山上开发人参基地40公顷,实行围网监护,严禁人员越界、采伐、放牧、采野菜。着力发展特色产业,依托青山沟旅游优势,种植、采摘山野菜,包括食用菌、山野菜、大耳毛、蕨菜、赤笼芽,对接下游产品加工厂,培育村特色产业品牌。

青山沟村农业种植主要以玉米和大豆为主。2018年以来,村领导带领农民从传统农业转向现代农业,大力发展设施农业,完成总投资165万元的村农业综合开发项目,形成自身特色品牌。通过土地流转发展葡萄、软枣子等采摘园,建设了辽丰葡萄集体经济产业,建设葡萄园20公顷,新建冷棚8栋,支持葡萄等农产品深加工和"三品一标"认证,鼓励创建著名商标和名牌产品。建立软枣基地26公顷、寒富苹果园15公顷。建设蓝莓、草莓暖棚26栋。根据气候及土壤特征,开发了中药材五味子种植基地40公顷,赤芍种植面积10公顷,桔梗种植面积4公顷,田参种植面积20公顷。2020年,与上海万仕诚药业公司达成合作意向,建设中药材加工厂,面向青山沟村农村地区收购中药材进行深加工。

(3)创景观大道串连,推精品景点联动

青山沟村按照全域旅游、全年旅游和协作发展的目标,注重全景式打造、全社会参与、全产业发展、全方位服务、全区域管理,努力把全域打造成景区、处处打造成景观、屯堡打造成景点,不断补基础设施建设短板、山地旅游内涵,推精品景点联动、拓旅游产业链条,打造景观大道和精品线路,推出"湖水、冰雪、满族风情园"等旅游产品,形成春踏青、夏游湖、秋品果、冬滑雪的四季旅游市场;雅河漂流与景观打造相融合,建成旅游公路沿线景观大道串连景区、景点。

3.3.2 完善环境治理设施,保障生态安全

饮水安全工程建设。每年定期疏通河道,清理垃圾,完成了庙岭等小流域治理

10 余处,域内雅河治理修建拦河坝 10 多处。青山湖沿岸整治,修建堤坝 20 公里,投入资金近 8000 万元。为保障饮水安全,投资 800 万元,建设了镇供水工程,供水水源利用大水沟拦蓄工程、村组大口井和深井,设计日供水能力为 560 立方米,总管线 4200 延长米,实现自来水入户,由青山沟镇自来水水厂负责运行管理。

垃圾处理工程建设,全力实施村庄垃圾清理。村委会按照"五指"分类法,实现农户垃圾"户分类、户处理、零填埋"的要求,从根本上解决农村环境卫生"脏乱差"问题。2019 年,投入资金 1.5 万元,对 100 吨积存垃圾进行集中清理。2020 年出动车辆 240 余台次,出动人员 300 人次,共清理河道 32 公里,清运垃圾 330 余吨。并于 2019 年投资 323 万元,建设了生活垃圾裂解厂,采用新型生活垃圾无害化自燃裂解设备,配套建设垃圾裂解生产厂房等设施,实现了垃圾的无害化处理,优化了生活环境。

生活污水治理工程建设。2020 年投资 305 万元,建设污水处理厂,设计规模为 100 立方米/天,采用格栅+调节及沉淀池+MBR 一体化反应器+消毒的处理工艺,改善和保护地表水和地下水环境,对改善区域生态环境、提升村镇品位和促进经济发展有重要意义。

青山沟村制定了《青山沟村雅河河道保洁管理制度》,成立河道长效保洁领导小组,下设长效保洁员 4 名,对全村河浜阶段性清理整治和不定期检查,并采取在主要河道两侧树立河道管理保洁公告牌,制定实施河道管理保洁考核办法。

通过典型工程建设,青山沟村在丹东市宽甸县北部山区建设和脱贫工作中形成了引领作用,对照"两山指数"评估指标体系,各项指标均已接近考核要求。

第 4 章　方案总体思路

4.1　指导思想

深入贯彻落实党的十九大和习近平总书记关于生态文明建设系列重要讲话精神,牢固树立"创新、协调、绿色、开放、共享"五大发展理念,以习近平新时代中国特色社会主义思想为指导,全面树立和践行"绿水青山就是金山银山"理念,积极探索"绿水青山"转化为"金山银山"的有效路径,加强生态空间用途管控,守住绿水青山。

开展生态环境保护治理,保值增值自然资本,推进绿色高质量发展,努力提升生态产品供给水平和保障能力,建立健全生态价值实现的体制机制,精心打造绿色惠民、绿色共享品牌,加快创建"两山"实践创新基地,努力建设产业强、结构优、环境美、百姓富的美丽幸福的青山沟村。

4.2 基本原则

(1)尊重自然,生态优先

遵循自然规律,处理经济发展、社会进步与生态环境保护的关系。坚持将生态保护作为青山沟村发展的基础,坚持生态优先方针,秉持以人为本、协调发展的政绩观,提高全村的生态文明建设意识,坚定不移地把生态文明放在优先的战略位置,将生态文明建设贯穿于整个青山沟村政治、经济、文化和社会建设的各方面和全过程,在保护中促进发展,在发展中落实保护。

(2)绿色发展,点绿成金

合理利用自然资源,保护青山沟村现有自然环境和生物,保护和发展生态平衡,从科学布局生产空间、生活空间、生态空间的角度,更加扎实推进生态环境保护。构建绿色产业体系,拓展新型经营主体,因地制宜将区域生态环境优势转化为生态经济优势,谋划培育资源节约、环境友好的新产业、新业态、新模式,探索生态经济化、经济绿色化的有效路径,着力打造生态和经济良性互动的绿色发展方式,推动"两山"转化。

(3)生态惠民,共建共享

坚持生态惠民,将生态、经济、社会效益有机结合,让绿水青山变为金山银山,全民共享生态红利。强化以人为本,公众参与,引导全民共建共享,实现好、维护好广大人民群众的根本利益,做到在共建中共享、在共享中共建,形成建设"两山"的强大合力,推动绿色惠民富民。

(4)创新机制,探索模式

积极探索创新的符合青山沟村实际、有区域特色、有利生态文明发展的行政管理体制、生态治理机制,进一步建立和完善资源有偿使用、生态补偿、生态环境损害赔偿等相关制度,探索"绿水青山就是金山银山"转化有效路径,进一步发展生态旅游、生态农业等生态经济优势,形成青山沟村特色转化模式。

4.3 总体目标

巩固和深化全村"两山"实践探索成效,凝练青山沟村特色,以大力推进"绿水青山就是金山银山"实践创新基地建设为目标。依托构筑绿水青山、推动绿色发展、实践金山银山、建立长效机制四大体系和重点工程,加强生态环境保护,提升生态服务功能,推动生态价值转化,探索"两山"的有效路径模式,推动绿色惠民共享,创新长效保障体制机制,全面协调青山沟村社会、经济与生态环境之间的关系,达到"两山"实践创新基地建设的标准。

——坚持预防为主、综合治理,切实打好生态环境保护五大战役,着力营造山清水秀的自然生态,提升区域生态环境质量。

2023 年,青山沟村力争实现环境空气质量优良比例＞95％,地表水水质优于Ⅱ类水的比例保持 100％,自然生态空间面积保持稳定,林草覆盖率不降低,生态系统生产总值实现稳定提高,垃圾分类覆盖率达 100％。

——加强现代农业经营发展,坚持绿色农业发展模式,做好农村秸秆回收利用保障措施。发挥特色农业产业优势,大力发展绿色有机无公害产品,打破传统销售模式约束,创新线上农产品销售。

2023 年,青山沟村力争实现秸秆综合利用率达到 95％以上,绿色、有机、无公害农产品产值增长率稳定提高,绿色食品数量争取增加 1～2 种,生态产品线上销售率稳定增长。

——产业发展质量和效益不断提升。产业结构和布局持续优化,生态旅游业与现代农业实现更深程度耦合,产业集群发展进一步深化,资源配置和利用更为高效,生态品牌影响力持续增加。

2023 年,绿色、有机、无公害农产品产值增长率,生态旅游增长率,生态补偿类财政收入增长率,村民人均可支配收入等均实现稳定提高。

——以青山沟村生态文明建设为契机,加强"两山"实践创新基地建设,探索长效保障机制,推动"绿水青山"源源不断地带来"金山银山"。

2023 年,不断创新"两山"基地建设制度和生态保护制度;探索不少于 4 项具有本地特色的"两山"转化路径模式;确保生态保护红线区面积不减少,质量不下降;制定不少于 4 项生态产品转化市场化机制;力争生态环保投入占 GDP 比重大于 3％。

——民生福祉稳步提高。2023 年,村镇饮用水卫生合格率、集中式饮用水水源地水质优良比例保持在 100％;城镇居民、农牧民人均可支配收入增加;生态环保公益岗位数量、年均收入持续增加;"两山"基地建设公众满意度达 95％以上。

——"两山"基地基本建成。2023 年"两山"基地基本形成,构建青山沟引领、青山湖带动、多点多级支撑的全域旅游发展格局,培育绿水青山、转化绿水青山、实现金山银山,形成"两山"实践经验和"两山"转化模式;创新"两山"基地建设制度;打造最美村庄、最美景区,实现"两山"持续转化,人与人、人与自然、人与社会和谐共生。

4.4 建设指标

根据《"绿水青山就是金山银山"实践创新基地建设管理规程(试行)》要求,"两山指数"评估指标包含构筑绿水青山、推动"两山"转化、建立长效制度三大方面共 20 个建设指标。2023 年,青山沟村要实现 20 项指标考核达标。

4.4.1 指标可达性分析

对照"两山指数"20个建设指标,结合青山沟村实际,对创建工作达标可能性评估。

(1)环境空气质量优良天数比例

指行政区域空气质量达到或优于二级标准的天数,占全年有效监测天数的比例。执行《环境空气质量标准》(GB 3095—2012)和《环境空气质量指数(AQI)技术规定(试行)》(HJ 633—2012)。

根据宽甸县生态环境局提供的数据,2020年青山沟村优良天数比例为89.05%;2019年,环境空气质量有效监测天数347天,优良天数309天,比例为89.04%;已达到考核指标参考值。

由于青山沟大气本底值好,大气环境容量高,且污染小,全村环境质量持续稳定,因此,在未来3年,环境空气质量优良天数比例可以持续超过目标参考值。

(2)集中式饮用水水源地水质达标率

指行政区域内集中式饮用水水源地,其地表水水质达到或优于《地表水环境质量标准》(GB 3838—2002)Ⅱ类标准、地下水水质达到或优于《地下水质量标准》(GB/T 14848—2017)Ⅲ类标准的水源地个数占水源地总个数的百分比。

根据宽甸县水利局提供的数据,2020年青山沟村集中式饮用水水源地水质达标率为100%;2019年,村集中式饮用水源地取水口水质达到国家Ⅲ类标准以上,达标率为100%。已达到考核指标参考值。

青山沟村水资源本底值好,人为干扰小,每年对集中式饮用水源地水质开展常规水质监测,对乡镇取水口水质增强监测和保护,确保群众饮水安全。在未来3年,可以持续保持集中式饮用水水源地水质达标率100%。

(3)地表水水质达到或优于Ⅲ类水的比例

指行政区域内国控、省控、市控监测断面水质达到或优于Ⅲ类标准的比例,执行《地表水环境质量标准》。要求行政区域内地表水达到水环境功能区标准,且Ⅰ、Ⅱ类水质比例不降低,过境河流市控以上断面水质不降低。

根据宽甸县生态环境局提供的数据,2020年,青山沟村雅河出入境断面水质达到国家《地表水环境质量标准》Ⅱ类标准,地表水长期保持在Ⅱ类以上水质,无黑臭水体,已达到考核指标参考值。

抓好浑江流域及生态敏感区水环境质量监管,每年对出入境断面开展常规水质监测。在未来3年,青山沟村可以保持地表水水质达标率100%。

(4)地下水水质达到或优于Ⅲ类水的比例

指行政区域内地下水水质达到或优于Ⅲ类标准的监测点位数量占监测点位总数量的比例。地下水质依据《地下水质量标准》分为五类,确保水质达到或优于Ⅲ类比例稳定或提高,地下水质整体呈稳定或持续改善趋势。

根据宽甸县生态环境局提供的数据,2020年青山沟村地下水水质达到或优于Ⅲ类比例为100%,已达到考核指标参考值。

由于该区域本底值好,水环境容量大,人口稀少,且分散,无高污染高耗能工业,面源污染和生活污水排放少,加之抓好水污染防治,在未来3年,青山沟村地下水水质可以实现稳定保持达标率100%。

(5)受污染耕地安全利用率

指行政区域内受污染耕地安全利用面积占受污染耕地面积的比例,执行《受污染耕地安全利用率核算方法(试行)》。

根据宽甸县农业农村局、统计局等部门提供的资料,2020年青山沟村域内无受污染耕地,已达到考核指标参考值。在未来3年,青山沟村将加大监测管控力度,保持村域内无受污染耕地。

(6)污染地块安全利用率

指行政区域内符合规划用地土壤环境质量要求的再开发利用污染地块面积,占行政区域内全部再开发利用污染地块面积的比例。

根据宽甸生态环境局提供的数据,青山沟村境内无污染地块。在未来3年,青山沟村将加大监测管控力度,确保村内无污染地块。

(7)林草覆盖率

指行政区域内森林、草地面积占国土总面积的比例。

根据宽甸林业和草原局提供的数据,2020年青山沟村林草覆盖率为84.06%,已达到考核指标参考值。

青山沟村将扎实抓好生态保护、生态修复、生态产业工作。以深化改革和依法治林为突破口夯实林业保障体系,持续推进最严森林资源保护管理制度落实;以重点工程为抓手推进林草建设步伐,扎实开展"大规模绿化青山沟村行动",大力实施"山植树、河清淤"工程,在未来3年,可保持林草覆盖率高于考核指标参考值。

(8)物种丰富度

指行政区域内物种数目的多少,是反映生物多样性保护情况的重要指标。

根据宽甸生态环境局、林业和草原局等提供的资料,村域内生物多样性十分丰富。青山沟村将落实生物多样性保护,通过加强国家重点保护野生动物植物保护,保持物种丰富度不减少,已达到考核指标参考值。在未来3年,将实现逐年稳定提高。

(9)生态保护红线区面积

指在生态空间范围内具有特殊重要生态功能、必须强制性严格保护的区域,是保障和维护国家生态安全的底线和生命线,通常包括具有重要水源涵养、生物多样性维护、水土保持、防风固沙、海洋生态稳定等功能的生态功能重要区域,以及水土流失、土地沙化、石漠化、盐渍化等生态环境敏感脆弱区域。要求建立生态保护红线制度,确保生态保护红线区面积不减少,性质不改变,主导生态功能不降低。

根据宽甸自然资源局提供的资料,青山沟村已完成生态保护红线划定工作,划定生态红线保护面积 2647.9777 公顷,占村域面积的 60%。已达到考核指标参考值。

在未来 3 年,青山沟村根据生态保护红线管控制度,确保生态保护红线区功能不下降、性质不改变、面积不减少,并按照管控要求严格落实,可以实现生态功能保持稳定。

(10)单位国土面积生态系统生产总值

指行政区域内单位国土面积生态系统生产总值,是反映区域内生态系统运行状况的重要指标,是绿水青山的重要表征。生态系统生产总值,是指生态系统为人类生存与福祉提供的产品与服务的经济价值,主要包括生态系统供给服务价值、生态系统调节服务价值、生态系统支持服务价值和生态系统文化服务价值。

目前,青山沟村未统计生态系统生产总值。在未来 3 年,青山沟村将提高对生态系统供给服务价值、生态系统调节服务价值、生态系统支持服务价值和生态系统文化服务价值的关注程度,并通过优化空间格局、加强生态保护、加强生态建设等途径不断提升单位国土面积生态系统生产总值,提升绿水青山程度,实现逐年稳定提高。

(11)居民人均生态产品产值占比

指行政区域统计口径内,居民人均生态产品价值实现的收入,占居民人均总收入的比率。该指标是衡量居民从绿水青山转化成金山银山的获益情况的重要指标,以统计部门抽样调查或独立调查机构通过抽样问卷调查所获取指标值的平均值为考核依据。该指标生态产品产值,指生态系统提供的生态产品能够直接转化的价值,主要包括农、林、畜、水产品、碳汇交易以及农家乐、渔家乐旅游等收入。

根据宽甸县统计局、青山沟村提供的资料,2020 年青山沟村民年人均可支配收入为 12000 元,其中农、林、畜及农家乐、旅游等家庭经营净收入约 7500 元,居民人均生态产品产值占比约为 56.26%。

未来 3 年,挖掘生态系统提供的生态产品的价值,不断将绿水青山转化成金山银山,努力提高居民人均生态产品价值实现的收入及其占比,可以实现逐年稳定提高。

(12)绿色、有机农产品产值占农业总产值比重

指行政区域内绿色、有机农产品产值对农业总产值的贡献率,是反映绿色、有机农业发展状况的主要指标。绿色、有机农产品按国家有关认证规定执行,产品涵盖种植业、渔业、林下产业及畜牧业等。例如绿色、有机农产品种植、养殖,中药材种植等。绿色、有机农产品的产地环境状况,应达到《食用农产品产地环境质量评价标准》(HJ/T 332—2006)和《温室蔬菜产地环境质量评价标准》(HJ/T 333—2006)等环境保护标准和管理规范要求。

根据青山沟村的数据,2020 年村绿色、有机食品有辽峰葡萄、软枣、草莓、蓝莓、

寒富苹果,共5种;中药材有林下参、五味子、赤芍、桔梗、田参,共5种。2020年,绿色、有机农产品总产值为218万元,占农业总产值比重约8.6%。

未来3年,青山沟村将结合区域发展,积极开展三品认证,积极生产原生态高端高价值农产品,力争绿色、有机农产品产值占农业总产值比重不断增加。

(13)生态加工业产值占工业总产值比重

指行政区域内生态加工业产值对工业总产值的贡献率,是反映生态加工业发展状况的主要指标。其中生态加工业主要包括依托生态资源衍生的农副食品加工、食品制造、饮料制造、木材加工、家具制造、矿泉水生产等。

根据青山沟村的数据,村工业农副产品均为外加工,2020年生态加工业产值约1000万元,生态加工业产值占工业总产值比重为100%。

在未来3年,青山沟村将推进绿色加工业的发展,不断提高生态加工业产值对工业总产值的贡献率,可以实现逐年稳定提高。

(14)生态旅游收入占服务业总产值比重

指行政区域内生态旅游收入对服务业总产值的贡献率,是反映生态旅游业发展状况的主要指标。生态旅游是指以可持续发展为理念,以保护生态环境为前提,以统筹人与自然为准则,并依托良好的自然生态环境和独特的人文生态系统,采取生态友好方式,开展生态体验、生态教育、生态认知并获得身心愉悦的旅游方式。

根据青山沟村的资料,2020年村生态旅游收入占服务业总产值比重约25.45%。在未来3年,青山沟村将做好基础工作,深挖"生态＋"旅游资源,拓展生态旅游客源,不断提高生态旅游收入的占比,可以实现逐年稳定提高。

(15)生态补偿类收入占财政总收入比重

指行政区域内生态补偿类财政收入对财政总收入的贡献率,是反映生态环境保护成效转化的主要指标。生态补偿类财政收入包括中央转移支付、省级转移支付及地区之间横向补偿。

根据青山沟镇提供的资料,2020年青山沟村生态补偿收入为6万元,当年财政总收入为15万元,生态补偿类收入占财政总收入比重约为40%。

在未来3年,青山沟村将继续搞好重点生态功能区保护,加强天然林管护、持续扩大植树造林的成果,大力实施生态修复与保护工程,争取生态补偿类财政收入稳定,并持续增加。

(16)国际国内生态文化品牌

指行政区域内获得的以环境友好和生态优势为显著特点的,具有生态文化内涵、生态文化影响力及附加吸引力的国际国内品牌识别,主要包括世界文化遗产、世界自然遗产、联合国"地球卫士奖"、国家级非物质文化遗产、全国文明城市、国家生态文明建设示范区、国家森林城市、国家级生态旅游示范区等。

根据宽甸县文化旅游和广播电视局提供的资料,青山沟村2017年成为"全国生态文化村",列入中国少数民族特色村寨。

在未来 3 年,青山沟村将继续在生态文化品牌上下功夫,积极争创国家生态文明建设示范区,积极升级非物质文化遗产项目,申报国家级非物质文化遗产,形成具有区域特色的品牌效应,引领全县生态文明建设。

(17)"两山"建设成效公众满意度

指行政区域内公众对"两山"建设成效的满意程度。该指标采用"两山"基地建设评估工作组现场随机发放问卷与委托独立的权威民意调查机构采取抽样调查相结合的方法获取,以现场调查与独立调查机构所获取指标值的平均值为最终结果。现场调查人数不少于行政区域人口的千分之一。调查对象应包括不同年龄、不同学历、不同职业人群,充分体现代表性。

青山沟村自 2020 年开始实践推进"两山"基地的创建,已得到全村乃至全镇众多居民的认可,根据宽甸县生态环境局、统计局等提供的资料,目前公众对"两山"实践创新基地建设的满意程度达 95%,已达到考核指标参考值。

在未来 3 年,青山沟村将加大创建力度,探索转化路径、模式和经验,切实为公众提供更多生态福祉,使公众对"两山"实践创新基地建设的满意程度达到 97%以上。

(18)"两山"基地制度建设

指行政区域通过制度建设来推动"两山"基地建设,包括设立组织领导机构,建立运行机制,统筹协调推动基地建设;建立"两山"基地建设目标分解落实制度,明确工作目标、工作任务、时间节点,强化责任意识,保障工作稳步推进。

根据青山沟村提供的资料,在体制机制方面,村成立了以青山沟村民委员会班子成员为成员的领导小组,已达到考核指标参考值。

在未来 3 年,将参考《生态文明体制改革总体方案》,按照辽宁省、丹东市的相关要求,结合青山沟村实际,在制度创新、制度完善上下功夫,不断创新"两山"基地建设制度。

(19)生态产品市场化机制

指行政区域内围绕生态产品及其价值市场化交易、运作建立的政策机制。参考《生态文明体制改革总体方案》,生态产品转化市场化机制主要包括:用能权、碳排放权交易制度、排污权交易制度、水权交易制度、绿色金融体系等。

根据宽甸县发展改革局、财政局、自然资源局、生态环境局、水利局、农业农村局、林业和草原局等提供的资料,青山沟村正在积极建立生态产品转化市场机制,积极探索、创新绿色金融体系。

在未来 3 年,青山沟村将按照《生态文明体制改革总体方案》,加大生态产品转化市场化机制的建立和完善,在碳排放权交易制度、排污权交易制度、水权交易制度、绿色金融体系等方面进行大胆探索。

(20)生态环保投入占 GDP 比重

指行政区域内每年生态环境保护、治理或维护的投资额占地区生产总值(GDP)的比重,是反映"两山"基地建设地区对生态环境的重视程度和生态环境治理工作的开展情况最直观的指标。

根据青山沟村提供的资料,2020 年村用于污染防治、农村人居环境整治、生态环境保护、治理或维护的投入为 710 万元,生态环保投入占 GDP 比重为 3.65％。已达到考核指标参考值。

在未来 3 年,青山沟村将持续加大投入,实现生态环保投入占 GDP 比重持续超过该项指标的考核要求。

4.4.2　提升指标基本要求

综上所述,对照"两山指数",青山沟村在构筑绿水青山 10 项指标、推动"两山"转化 7 项指标、建立长效机制 3 项指标,基本已全面达标。在未来的 3 年,主要通过项目实施、加强监管等措施,巩固已有成果,保持稳定或提升。具体要求见表 4-1。

表 4-1　青山沟村创"两山"基地考核指数可达性评估

目标	任务		指标	评估指标值	2020 年现状值	达标情况	2023 年目标值
构筑绿水青山	环境质量	1	环境空气质量优良天数比例	＞90％	90.05％	达标	＞90％
		2	集中式饮用水水源水质达标率	100％	100％	达标	100％
		3	地表水水质达到或优于Ⅲ类水的比例	＞90％	100％	达标	100％
		4	地下水水质达到或优于Ⅲ类水的比例	稳定提高	稳定提高	达标	稳定提高
		5	受污染耕地安全利用率	＞95％	无受污染耕地	达标	无受污染耕地
		6	污染地块安全利用率	＞95％	无污染地块	达标	无污染地块
	生态状况	7	林草覆盖率	山区＞60％ 丘陵区＞40％ 平原区＞18％	山区84.06％	达标	山区 86％
		8	物种丰富度	稳定提高	稳定提高	达标	稳定提高
		9	生态保护红线面积	不减少	不减少	达标	不减少
		10	单位国土面积生态系统生产总值	稳定提高	稳定提高	达标	稳定提高

目标	任务		指标	评估指标值	2020年现状值	达标情况	2023年目标值
推动"两山"转化	民生福祉	11	居民人均生态产品产值占比	稳定提高	稳定提高	达标	稳定提高
	生态经济	12	绿色有机农产品产值占农业总产值比重	稳定提高	稳定提高	达标	稳定提高
		13	生态加工业产值占工业总产值比重	稳定提高	稳定提高	达标	稳定提高
		14	生态旅游收入占服务业总产值比重	稳定提高	稳定提高	达标	稳定提高
	生态补偿	15	生态补偿类收入占财政总收入比重	稳定提高	稳定提高	达标	稳定提高
	生态效益	16	国际国内生态文化品牌	获得	获得	达标	获得
		17	"两山"建设成效公众满意度	＞95％	95％	达标	97％
建立长效制度	制度创新	18	"两山"基地制度建设	建立实施	建立实施	达标	建立实施
		19	生态产品市场化机制	建立实施	建立实施	达标	建立实施
	资金保障	20	生态环保投入占GDP比重	＞3％	3.69％	达标	3.8％

其中,(1)生态环境状况方面,加大监测和管理力度,保持已达标的指标稳定。尤其是单位国土面积生态系统生产总值,要加强生态系统管理,不断提高生态系统生产总值。(2)生态经济方面,居民人均生态产品产值占比,绿色、有机农产品产值占农业总产值比重,生态加工业产值占工业总产值比重,生态旅游收入占服务业总产值的比重,生态补偿类收入占财政总收入的比重这5项指标,要求稳定提高,因此,需要加强推进相关工作,才能确保评估期末能达标,不断推动"两山"转化。

此外,要通过项目的实施、机制的创新,探索实践"绿山青山向金山银山转化"的模式、路径和经验,不断完善生态产品市场化机制,建立长效机制,不断地增强绿水青山转化为金山银山的成效;完善公众参与制度,提高公众参与积极性,提高公众知晓度,提升"两山"建设成效公众满意度,提高民生福祉。

第 5 章 重点任务

5.1 加强生态空间用途管控,守住绿水青山财富

5.1.1 优化空间格局

按照山水林田湖草是一个生命共同体的理念,协调生态空间用途,遵循生态资源的自然分布规律及其生长规律,科学布局生态、农业、乡村三类空间,严格遵守生态保护红线、永久基本农田和开发边界要求。依据不同区域环境功能定位,落实用途管制,严格控制开发建设活动。加大对具有生态安全维护功能的森林、河流、湖泊、水源地等生态资源和生态空间的保护保育力度。

5.1.2 提高生态产品供给能力,保值增值自然资本

(1)创新发展生态农业

绿色发展现代农业,推进农业产业化进程。促进绿色有机农业加快发展,坚持"数量和质量并重,认证和监管并举"的工作方针,进一步扩大绿色、有机食品基地认证面积。重点开发水果和特色现代农业,发展中草药种植 110 公顷。

(2)加强科技园区示范功能,协调发展现代农业

充分发挥科技示范园区的农业技术集成、示范引领、辐射带动的功能作用,通过新品种新技术的示范展示、推广应用、现场演示观摩等形式,加大培育新型服务组织力度,强化现代园区服务主体功能。重点建设 6 个园区基地,主要采取"园区+合作社+农民"的管理模式,吸引企业和科研机构开展试验,为探索新品种新技术做出新贡献。

(3)发展精准高效畜牧业,实现可持续发展

合理调整畜牧业产业结构,强力推进草原禁牧封育工作,大力推广秸秆转化利用技术,全面实现舍饲养殖。结合庭院经济发展,大力推进特色养殖业,积极推进庭院经济向纵深发展,打造经济品牌,真正形成"一村一品""小庭院,大产业"的庭院经济产业格局。

5.1.3 着力培育生态旅游业

(1)构建"一心、双核、两带、多节点"旅游产业

"一心"指青山沟村旅游综合服务中心,"双核"是青山湖景区与满族特色文化旅游景区,"两带"为雅河、石柱河景观轴线,并结合周边的森林、山地与休闲农业,形成

纵向的景观骨架,"多节点"包括雅河漂流、"八旗山水谣"大剧院、满族民俗陈列馆、满族民宿、北方周庄与休闲采摘农业等。

一心引爆,双核驱动,三带联动,立体发展,由点连线,由线带面,由面构体,环环相扣,层层递进,构建青山沟村旅游核心项目。

(2)构建多元旅游产品体系

将"八旗山水谣"大剧院、满族民俗陈列馆、组织演出及观赏活动,打造成满族文化主题产品。利用林下经济,开展山货淘宝之旅,开发乡村主题产品。以雅河观光线路为依托,开发生态山水主题产品。

推出漂流、采摘、冬捕等自然生态游活动,将自然风景区打造成回归自然、休闲度假、避暑养生的理想场所。开发具有参与性、体验性、互动性的旅游产品,推动冬季冰雪文化旅游发展,构建"吃、住、行、游、购、娱"为一体的综合旅游服务体系。

5.2 推进绿色高质量发展,推动"两山"转化

5.2.1 加强林草地资源保护管理

建立完善森林管理制度,巩固天然林保护工程成果。切实加强集体公益林、商品林的常年管护,确定森林管护责任区,把森林管护任务落实到山头,把森林管护责任落实到人;制定森林管护工作年度实施计划,根据地形、地貌、交通条件、森林火险等级、管护难易程度等确定管护模式,提高管护成效;采取林农直管、托管、承包等管护模式加强公益林管护。

继续实施退耕还林工程。开展退耕还林补植补造,切实巩固退耕还林成果。同时,按照"坡上要退,沟中要进"的方针,继续实施退耕还林后期管护和政策兑现工作。根据不同区域的管理保护状态,采取合理利用、分片集中管理模式,加强还林管护,定期巡查,维护林草植被,治理水土流失。

推进荒山造林工程。针对乱石窖,坚持"因地制宜,适地适树,生态优先,宜经则经"的原则,通过人工造林与退耕还林相结合,生物措施与工程措施相结合,对有林地、疏林地、灌木林地开展抚育经营和补植补造,保护好现有植被,避免造成新的水土流失。

开展青山沟村内公路绿化景观建设,选择乡土树种和多年引种良好的品种,做到乔灌花草结合、常绿落叶并重,营造多层次的植物群落景观,打造四季常青、多季有花、四季有景的多姿多彩生态景观带,改善公路沿线的景观环境。

5.2.2 加强水资源保护力度

配合宽甸县完成雅河综合整治工程,做好雅河水环境巡查监督工作,深化巩固

雅河综合整治成果;完成建设生活污水集中处理工程,结合 2020 年已经完工并运行的饮用水安全防护工程,强化工程运营管护,定期检测相应水质指标情况,并提前制定好应对突发事件的应急防护对策。

5.2.3　积极开展"三品一标"认证,做强生态农林产业

按照保护生态环境、高效集约发展的原则,以精品农业为抓手,推进青山沟村农业结构调整的优化升级,实现传统农业向绿色、高效、生态、安全的现代农业转变,走出产出高效、产品安全、资源节约、环境友好的农业现代化道路。

(1)加强农业基础设施建设

加强高标准农田建设。因地制宜加强田网、路网、林网"三网建设",建设高标准农田。加强农田水利建设,推进"全域灌溉",坚持蓄引结合、大中小微结合,突出抓好防洪减灾等重点项目。

(2)建设特色生态农林基地

发挥比较优势,以打造名优生态高效林果生产、高品质中药材原料、省级优质食用菌菌种繁育、精品养殖等特色产业基地为目标,发展人参、水果、食用菌、中药材、山野菜、养殖产品等支柱产业,构建以良种繁育—绿色生产—健康养殖为一体的现代农业产业体系,打造以特色突出,兼具生态修复与经济发展双重功能的"青山沟精品农业",实现林果菜统筹、农林牧结合、种养加一体的产业融合发展。

(3)培育特色农产品品牌

推进农业产业化经营。大力引进农产品精深加工、市场营销的龙头企业到青山沟村合作开发农特产品,培育壮大青山沟村农业龙头企业。通过订单农业、企业＋农户、基地＋农户等形式,延长农业产业链,提高农产品的附加值,提升农民的农业生产积极性。

加快推进"三品一标"认证。突出产品的生态、绿色、有机特色优势,提升"三品一标"认证覆盖率。打造青山沟软枣子、葡萄、人参、山野菜、蘑菇等地理标志认证产品,推进"互联网＋绿色生态"行动计划,以"生态青山沟＋企业商标"双品牌模式,提高产品知名度和市场竞争力。充分利用现代网络技术,做好品牌宣传推介,扩大品牌影响力。

(4)培育壮大文化工艺产业

注重非物质文化遗产传承和保护,推进具有民族特色的文化工艺产业发展。坚持工旅结合,注重为民族工艺美术产品融入时代元素、文化创意和旅游理念。积极培育民族特色手工艺加工业,提高生产集中和专业化程度,提高生产效率及产品附加值。

依托少数民族文化,成立民族手工艺生产有限公司,主要产品为少数民族特色饰品、民族服饰等。大力发展旅游商品加工业,依托农旅融合,充实旅游商品承载内

容,创新旅游商品形式,打造具有青山沟特色的旅游商品。

(5)完善旅游设施服务能力

建设特色餐厅、主题民宿。加快青山沟村与周边各旅游景点之间的道路改造工程,增设道路旁服务点,如道路标识牌、厕所、医疗急救设施、加油站、车辆维修站、紧急电话亭等。

推进景区实现智能导游、电子讲解、实时信息推送。健全监测管理体系,建设旅游管理监测展示平台和运营监测中心,具有行业监管、产业数据统计分析、应急指挥执法平台、舆情监测、视频监控、旅游项目管理和营销系统等功能,实现省、市、县监测平台互联互通。

(6)建设绿色交通服务设施

按照"交通＋产业、交通＋旅游、交通＋扶贫、交通＋民生"的发展理念,推进农村公路建设,完善农村公路体系。适度超前建设充电站和充电桩。建设乡村慢行道路系统,构筑连续的、多样的步行网络系统。

5.2.4 探索长效保障机制,推动"两山"转化

(1)创新构建体制机制

完善组织机构。完善以乡镇指导,村书记、村长为组长的领导小组,探索部门联动机制。建立与生态环境局、文化旅游局、自然资源局等管理部门的联动机制,实施共建、共创、共享的工作方案。

(2)建立运行机制,促进"两山"建设

领导小组每季度定期召开"两山"建设会议,总结经验、解决问题、部署工作。遇紧急情况,临时召集会议,狠抓落实。领导小组定期通报各部门在创建过程中取得的成绩、存在的问题以及整改的方向。

(3)建立目标责任制,抓目标落实

将"两山"建设任务逐级分解,落实到村、组,目标责任到人。建立评估考核机制,以机制促进建设,将考评结果作为岗位绩效分配、干部生态环境离任审计、责任追究的重要依据。制定干得好的"奖、增、加",干不好的"罚、减、换"的激励约束机制。

(4)创新生态环境治理制度

建立联防联动机制,主动与周边地区建立合作交流,继续深化区域污染联防联控,共同打击跨区域环境污染问题。

大力实施乡村振兴战略,以改善农村人居环境、提高农民生活质量为出发点,着力解决突出环境问题,开展农村人居环境整治行动。重点在生活垃圾收集、生活污水处理、畜禽粪便的综合利用、地膜覆盖回收、化肥农药零增长、减量化等方面开展治理行动。加强宣传教育,创新做法,鼓励村民自觉养成保护环境的良好习惯,显著改善村容村貌。进一步完善环境信息公开制度,向公众通报和公开环境质量信息、

环境行为,鼓励公众参与和监督,共同保护环境。

5.3　创新惠民共享普惠机制,形成绿色转化模式

(1)增加生态公益岗位

在公益林管护、退耕还林还草、林地湿地保护、生态建设工作中,扩大生态公益岗位,从建档立卡的贫困户或相对贫困户中遴选生态护林员、护草员、湿地管护员、生态建设员等,通过"管绿""植绿""活绿"方式保护生态,带动贫困农民增收。

(2)创新公众参与机制

积极向社会公开公示环境治理整改进度,营造良好社会关注度,教育引导群众从了解关注向支持参与转变,不仅是监督者,更要当参与者。

深入推动公众广泛参与"两山"理论实践建设。大力开展村绿色学校、绿色企业、绿色宾馆、绿色家庭的创建工作。

(3)探索转化有效路径,形成绿色转化模式

探索"绿水青山"培育"金山银山"模式。依托生态资源优势,积极培育"生态＋"新产业、新业态,推动"绿水青山"转化为"金山银山"。坚持不懈"抓重点,补短板,强弱项",做强生态旅游业、做精生态农业、做好生态文化产业、做优现代服务业,按照生态经济化、经济生态化导向,构建地方特色的生态产业体系,当好"两山"理念的样板地。

探索"金山银山"反哺"绿水青山"模式。开展大规模绿化行动,大力推行"有山皆绿""重点补绿""身边增绿",深化河(湖)长制。统筹推进"厕所革命""垃圾革命""污水革命"等生态建设项目,提升生态环境质量和服务功能,形成稳定的资源保障。

定期对"两山"基地建设情况开展自查,对不可行的举措,调整修正或终止执行。对有效、可推广的做法,及时总结提炼提升,最终为闯出一条"绿水青山转化为金山银山"的成功道路。

第 6 章　工程项目

6.1　工程项目及经费概算

未来 3 年的"两山"基地建设工作,围绕推动"两山"转化实施重点项目 13 项,总投资约 12256 万元。主要包括污水处理、管网收集、垃圾处理与转运、环境整治、植被恢复、旅游基础设施、特色农业等工程,见表 6-1。

表 6-1　青山沟村"绿水青山就是金山银山"实践创新基地项目

序号	项目名称	建设内容	投资规模	资金筹措渠道	建设期限
1	给水净化工程	改建水净化处理设施和供给管网,储水能力达 2 万立方米,总管线 4200 延长米	800 万元	水利局	2021 年
2	生活污水处理工程	新建设污水处理厂一座,设计规模为 100 立方米/天,改善和保护区域水环境	305 万元	争取政府资金	2022 年
3	生活垃圾裂解项目	配套建设垃圾裂解生产厂房等设施,补充处理能力	323 万元	争取政府资金	2022 年
4	农田水收集倒排工程	建设排水渠 1500 延长米	20 万元	农业农村局	2022 年
5	雅河畔景观路项目	新建雅河畔景观路建设 500 米	1600 万元	招商引资	2022 年
6	木质栈道项目	建设河岸木质栈道,长 2900 米,宽 2 米	3000 万元	文化旅游局	2022 年
7	满族风情园项目	以"八旗山水谣"为基础,进行院墙艺术画宣传美化,以民族文化带动和提升旅游	2000 万元	文化旅游局	2023 年
8	河道清理项目	清理雅河河道长 9 公里,清理河道两岸秸秆	8 万元	争取政府资金	2022 年
9	设施农田项目	建设蓝莓、大樱桃生产棚地,拟建中药材种植 150 公顷,进行药材深加工	1600 万元	村集体合作社	2022 年
10	生态农业观光园项目	建设高标准农田示范基地、果蔬采摘园,实现生态观光农业和智慧农业	300 万元	文化旅游局	2021—2023 年
11	推进林业碳汇项目	碳汇造林 2 万公顷,减排 CO_2 量,探索碳排放权交易	800 万元	林业站	2023 年
12	特色生态农业项目	建设辽峰葡萄园、五味子种植基地、软枣基地、中草药赤芍种植基地约 30 公顷	500 万元	村集体合作社	2021—2023 年
13	生态农产品转化项目	通过青山沟农业与市场、农副食品加工对接,生产山野菜、蘑菇酱、苹果罐头、山楂汁等产品	1000 万元	企业自筹资金	2021—2023 年

6.2　资金来源及经费筹措

　　资金来源主要包括中央预算资金、省级配套资金、地方配套资金、援建资金、生态转移支付资金、县级专项资金、水利发展资金、涉农资金、企业自筹资金等。积极探索以制度创新吸纳社会资金,保障重点项目的实施。

第 7 章 保障措施

7.1 加强组织领导

牢固树立"一盘棋"思想,着力构建全村统一领导,部门齐抓共管,上下积极参与的工作格局,形成强大工作合力。充分发挥基地建设领导小组办公室的作用,领导小组主抓部署,做到层层认真履职,真抓实干,见到实效。

7.2 落实目标责任

建立健全工作机制,明确任务,压实责任,落实目标。事事都要落实到具体分管领导和具体经办人,加强信息和工作推进情况等报送,对工作中存在的困难和难题及时报送县"两山"理论实践创新基地建设领导小组研究解决。

7.3 强化监督考核

探索建立领导班子考评机制。对责任不担当、工作推进不力、工作推诿扯皮的相关责任人,予以通报批评。建立"两山"基地建设发展指数"一本账",支撑生态环境质量精细化分析,支撑考核评估。

7.4 加强资金保障

多渠道筹措资金,充分发挥生态建设资金的作用,规范项目资金的管理,充分发挥政府投资项目的社会效益和经济效益。优化财政资金的配置,推进财政资金统筹使用。确保资金专款专用,确保资金及时拨付,确保资金监管到位。

7.5 强化科技支撑

加强与高校、科研单位的合作,积极创造合作条件。在生态保护、建设,环境治理,生态旅游,文化建设等方面,引进科研团队,建设实习基地、科研基地,创新新机制、新方法、新路径。充分发挥县内科技人才、科技协会、合作社、推广站等的作用,提高"两山"基地建设的科技含量。

7.6 加强宣传教育

开辟"勇攀两山"报道专栏,建立"勇攀两山"学习型党组织,为"两山"基地建设营造浓厚的舆论氛围。宣传"两山"理论实践的先进经验和典型做法,创新宣传方式,通过手机短信提示,对进入青山沟村内的游客发送"进入全国两山实践基地"等相关提示短信,提升游客的认知度。

7.7 强化人才建设

组织骨干人员学习"两山"理论实践、乡村振兴等方面的先进经验做法;开设村民学习"两山"理论、生态文明建设、美丽乡村建设、绿色发展等活动,培育"两山"建设队伍人才。

附图:青山沟村"绿水青山就是金山银山"实践创新基地建设实施方案(2021—2023年)图件

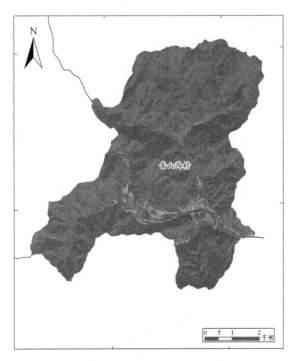

图1 青山沟村遥感影像图

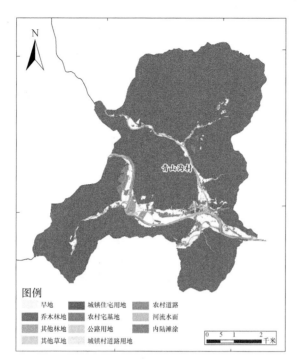

图例

旱地	城镇住宅用地　农村道路
乔木林地	农村宅基地　河流水面
其他林地	公路用地　内陆滩涂
其他草地	城镇村道路用地

0　5　1　　　2 千米

图 2　青山沟村土地利用现状图

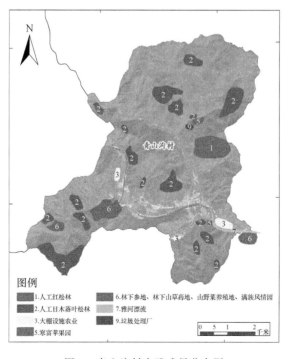

图例

1.人工红松林	6.林下参地、林下山草药地、山野菜养殖地、满族风情园
2.人工日木落叶松林	7.雅河漂流
3.大棚设施农业	9.垃圾处理厂
4.寒富苹果园	

0　5　1　　　2 千米

图 3　青山沟村实践成果分布图

图 4　青山沟村生态保护红线与永久基本农田分布图

附录二 生态环境部〔2019〕76 号文件

关于印发《国家生态文明建设 示范市县建设指标》《国家生态文明 建设示范市县管理规程》和 《"绿水青山就是金山银山" 实践创新基地建设管理规程 （试行）》的通知（环生态〔2019〕76 号）

各省、自治区、直辖市生态环境厅（局）、新疆生产建设兵团生态环境局：

为深入践行习近平生态文明思想，贯彻落实党中央、国务院关于加快推进生态文明建设有关决策部署和全国生态环境保护大会有关要求，充分发挥生态文明建设示范市县和"绿水青山就是金山银山"实践创新基地的平台载体和典型引领作用，我部修订了《国家生态文明建设示范市县建设指标》《国家生态文明建设示范市县管理规程》，制定了《"绿水青山就是金山银山"实践创新基地建设管理规程（试行）》。现印发给你们，请结合实际，按照指标和管理规程的要求，进一步加强生态文明示范建设和管理工作。

1. 国家生态文明建设示范市县建设指标（略）
2. 国家生态文明建设示范市县管理规程
3. "绿水青山就是金山银山"实践创新基地建设管理规程（试行）

生态环境部
2019 年 9 月 11 日

国家生态文明建设示范市县管理规程

第一章　总　则

第一条　国家生态文明建设示范市县是贯彻落实习近平生态文明思想,以全面构建生态文明建设体系为重点,统筹推进"五位一体"总体布局,落实五大发展理念的示范样板。

第二条　为进一步规范国家生态文明建设示范市县创建工作,促进示范创建申报、核查、命名及监督管理等工作科学化、规范化、制度化,制定本规程。

第三条　本规程适用于市县两级国家生态文明建设示范创建工作的管理。市包括设区市、直辖市所辖区、地区、自治州、盟等地级行政区;县包括设区市的区、县级市县、旗等县级行政区。

第四条　创建工作采取公开、公平、公正的方式,坚持国家引导,地方自愿;党政主导,社会参与;因地制宜,突出特色;注重实效,持续推进;总量控制、动态管理的原则。

对于创建工作在全国生态文明建设中发挥示范引领作用、达到相应建设标准并通过核查的市县,生态环境部按程序授予相应的国家生态文明建设示范市县称号。

第二章　规划实施

第五条　生态环境部制定并发布国家生态文明建设示范市县建设指标和规划编制指南。开展国家生态文明建设示范市县创建的地区(以下简称创建地区),应当参照规划编制指南,组织编制生态文明建设规划(以下简称规划)。

第六条　市级规划由生态环境部或委托省级生态环境主管部门组织评审;县级规划由省级生态环境主管部门组织评审。规划通过评审后,应由同级人民代表大会(或其常务委员会)或本级人民政府审议后颁布实施。

第七条　创建地区应当根据规划制定年度工作计划,明确工作责任,落实专项资金,建立规划实施的监督考核和长效管理机制。

第八条　创建地区应当在政府门户网站及时发布规划、计划、重点工作推进情况等创建工作信息。

第三章　申　报

第九条　符合下列条件的创建地区人民政府,可通过省级生态环境主管部门向生态环境部提出申报申请:

(一)市县建设规划发布实施且处在有效期内;

(二)相关法律法规得到严格落实。党政领导干部生态环境损害责任追究、领导干部自然资源资产离任审计、自然资源资产负债表、生态环境损害赔偿、"三线一单"等制度保障工作按照国家和省级总体部署有效开展；

（三）经自查已达到国家生态文明建设示范市县各项建设指标要求。

第十条　近 3 年存在下列情况的地区不得申报：

（一）中央生态环境保护督察和生态环境部组织的各类专项督查中存在重大问题，且未按计划完成整改任务的；

（二）未完成国家下达的生态环境质量、节能减排、排污许可证核发等生态环境保护重点工作任务的；

（三）发生重、特大突发环境事件或生态破坏事件的，以及因重大生态环境问题被生态环境部约谈、挂牌督办或实施区域限批的；

（四）群众信访举报的生态环境案件未及时办理、办结率低的；

（五）国家重点生态功能区县域生态环境质量监测评价与考核结果为"一般变差""明显变差"的；

（六）出现生态环境监测数据造假的。

第十一条　省级生态环境主管部门应当按照第九条、第十条所列条件对申报地区进行预审，严格把关，择优确定拟推荐地区。

第十二条　省级生态环境主管部门应当对拟推荐地区予以公示，公示期为 5 个工作日。对公示期间收到投诉和举报的问题，由省级生态环境主管部门组织调查核实。

第十三条　省级生态环境主管部门应当根据预审情况、公示情况形成书面预审意见，上报生态环境部。

第十四条　省级生态环境主管部门应当指导拟推荐地区通过国家生态文明示范建设管理平台，填报和提交有关数据及档案资料，包括：

（一）申报函和国家生态文明建设示范市县创建工作报告；

（二）国家生态文明建设示范市县创建技术报告，主要包括：第九条、第十条所列条件符合情况，近 3 年国家生态文明建设示范市县建设指标完成情况；

（三）建设指标完成情况的证明材料及必要的佐证材料。

第四章　核查与命名

第十五条　生态环境部组织相关专家对创建地区进行核查，并形成核查意见。核查工作包括资料审核和现场核查。

第十六条　资料审核主要包括：

（一）第九条、第十条所列条件符合情况；

（二）建设指标完成情况及相应证明材料的真实性、权威性、时效性；

（三）其他需要审核的内容。

第十七条　现场核查主要包括：

（一）中央生态环境保护督察、生态环境部组织的各类专项督查问题整改落实情况；

（二）资料审核中发现需要现场核查的问题；

（三）对有关部门、单位或个人开展走访问询；

（四）其他需要核查的内容。

第十八条 核查过程中发现问题的，创建地区应当及时补充材料予以说明。对出现第十条所列情况，以及在申报、核查过程中存在弄虚作假行为的，终止本次申报，并取消下一轮申报资格。

第十九条 生态环境部根据核查情况按程序进行审议，并在生态环境部网站、"两微"平台、中国环境报对拟命名地区予以公示，公示期为 7 个工作日。

公众可以通过"12369"环保举报热线等方式反映公示地区存在的问题。

对公示期间收到投诉和举报的问题，由生态环境部或省级生态环境主管部门组织调查核实。

第二十条 公示期间未收到投诉和举报，或投诉和举报问题经查不属实、查无实据、经认定得到有效解决的地区，生态环境部按程序审议通过后发布公告，授予相应的国家生态文明建设示范市县称号，有效期 3 年。

第五章 监督管理

第二十一条 生态环境部对获得国家生态文明建设示范市县称号的地区实行动态监督管理，可根据情况进行抽查。对公告满 3 年的地区参照建设指标进行复核（如建设指标发生调整，按调整后建设指标复核），复核合格的创建地区，由生态环境部按程序审议通过后发布公告，其国家生态文明建设示范市县称号有效期延续 3 年。

第二十二条 获得国家生态文明建设示范市县称号的地区应当持续深化创建工作，巩固提升创建成果，并逐年在国家生态文明示范建设管理平台更新档案资料。

第二十三条 生态环境部对获得国家生态文明建设示范市县称号的地区，给予政策和项目倾斜。鼓励各地建立形式多样的生态文明示范创建工作激励机制。

第二十四条 获得国家生态文明建设示范市县称号的地区，出现下列（一）～（二）情形之一的，生态环境部将提出警告；出现下列（三）～（六）情形之一的，生态环境部撤销其相应称号。

（一）生态环境质量出现下降趋势的；

（二）未及时完成国家下达的生态环境质量、节能减排、排污许可证核发等生态环境保护重点工作任务的；

（三）发生重、特大突发环境事件或生态破坏事件，以及因重大生态环境问题被生态环境部约谈、挂牌督办或实施区域限批的；

（四）生态环境质量出现明显下降的；

（五）被生态环境部警告，且未能在规定时限内完成整改的；

（六）未通过生态环境部组织复核的，或在复核过程中存在弄虚作假行为的。

第二十五条 已经获得国家生态文明建设示范市县称号的地区行政区划发生

重大调整的,国家生态文明建设示范市县称号自行终止。

第二十六条 参与国家生态文明建设示范市县管理的工作人员和专家,在核查、抽查、复核等工作中,必须严格遵守中央八项规定及其实施细则精神,认真落实廉洁自律要求和责任,坚持科学、务实、高效的工作作风,严格遵守相关工作程序和规范。构成违纪、违法或犯罪的,依纪依法追究责任。

第六章 附 则

第二十七条 本规程自印发之日起施行,由生态环境部负责解释。

"绿水青山就是金山银山"实践创新
基地建设管理规程(试行)

第一章 总 则

第一条 "绿水青山就是金山银山"实践创新基地(以下简称"两山"基地)是践行"两山"理念的实践平台,旨在创新探索"两山"转化的制度实践和行动实践,总结推广典型经验模式。为规范"两山"基地建设管理工作,制定本规程。

第二条 鼓励市、县级人民政府及其他建设主体开展"两山"基地建设。"两山"基地应当以具有较好基础的乡镇、村、小流域等为基本单元,开展建设活动。

第三条 "两山"基地应当重点探索绿水青山转化为金山银山的有效路径和模式,坚持自愿申报,择优遴选;统筹推进,注重实效;因地制宜,突出特色;创新机制,示范推广。

第二章 申 报

第四条 具备下列条件的地区,可通过省级生态环境主管部门向生态环境部申报"两山"基地:

(一)生态环境优良,生态环境保护工作基础扎实;

(二)"两山"转化成效突出,具有以乡镇、村或小流域为单元的"两山"转化典型案例;

(三)具有有效推动"两山"转化的体制机制;

(四)近3年中央生态环境保护督察、各类专项督查未发现重大问题,无重大生态环境破坏事件。

第五条 申报"两山"基地的地区应当编制"两山"基地建设实施方案,并由地方人民政府发布实施。

第六条 省级生态环境主管部门负责"两山"基地的预审和推荐申报工作,严格把关并择优向生态环境部推荐。

第七条 省级生态环境主管部门在推荐申报前,应当对拟推荐地区公示,公示期为5个工作日。

对公示期间收到投诉和举报的问题,由省级生态环境主管部门组织调查核实。

第八条 省级生态环境主管部门应当根据预审情况、公示情况形成书面预审意见及推荐文件,上报生态环境部。

第九条 省级生态环境主管部门应当指导拟推荐地区通过国家生态文明示范建设管理平台(以下简称管理平台),填报和提交申报材料,包括:

(一)"两山"基地申报文件,包括申报函和对照申报条件提交的相应说明材料及证明文件;

(二)"两山"基地建设实施方案。

第三章 遴选命名

第十条 生态环境部负责"两山"基地的遴选工作、组织专家对省级生态环境主管部门推荐的申报地区进行资料审核和现场核查。

第十一条 遴选工作主要参照以下方面开展:

(一)申报材料齐全,申报内容真实;

(二)实施方案具有科学性、针对性、可操作性;

(三)生态环境保持优良,生态资源优势突出;

(四)"两山"转化成效显著,绿色发展水平逐步提高;

(五)"两山"制度探索具有创新性,保障措施有力;

(六)"两山"转化模式具有典型性、代表性和可推广性。

第十二条 生态环境部对通过核查的申报地区进行审议,并在生态环境部网站、"两微"平台、中国环境报对拟命名名单予以公示。公示期为7个工作日。

公众可以通过"12369"环保举报热线等方式反映公示地区存在的问题。对公示期间收到投诉和举报的问题,由生态环境部组织调查核实。

第十三条 生态环境部对公示期间未收到投诉和举报的、投诉和举报问题经调查核实无问题或已完成整改的地区,按程序审议通过后公告,授予国家"绿水青山就是金山银山"实践创新基地称号。

第四章 建设实施

第十四条 "两山"基地应当因地制宜加强"两山"转化路径探索,创新制度实践,并在全域范围内推广建设经验,总结凝练形成具有地方特色的"两山"转化模式。

第十五条 "两山"基地应当加强组织领导,强化实施方案推进落实,建立监督考核和长效管理机制。

第十六条　"两山"基地应当制定年度工作计划,细化分解建设任务和工程项目,及时总结工作进展,并通过管理平台向生态环境部提交年度工作总结材料。

第十七条　省级生态环境主管　部门应当加强建设工作的监督管理,及时跟踪指导"两山"基地建设工作。

第十八条　生态环境部对获得"两山"基地称号的地区,给予政策和项目倾斜。鼓励各地建立形式多样的"两山"基地建设激励机制。

第五章　评估管理

第十九条　生态环境部对"两山"基地实行后评估和动态管理,加强"两山"建设成果总结和示范推广,引导地方探索绿色可持续发展道路。

第二十条　生态环境部制订"两山指数"评估指标及方法,发布"两山指数"评估技术导则,用于量化表征"两山"基地建设成效,科学引导"两山"基地实践探索。获得"两山"基地称号满 3 年的地区,应当及时在管理平台填报"两山指数"指标和实施方案推进情况。

第二十一条　生态环境部对获得"两山"基地称号满 3 年的地区,适时组织开展"两山"基地建设评估工作,并在管理平台公布评估情况。评估内容主要包括:

(一)实施方案推进落实情况;

(二)"两山指数"评估情况;

(三)"两山"转化经验模式典型性、代表性和可推广性。

第二十二条　生态环境部根据评估情况,及时向地方反馈意见建议,对评估发现问题的地区提出整改要求。当地人民政府应当根据整改要求在限定期限内完成整改。

第二十三条　对出现以下情形之一的地区,生态环境部撤销其"绿水青山就是金山银山"实践创新基地称号:

(一)中央生态环境保护督察、各类专项督查发现重大问题的;

(二)发生重、特大突发环境事件或生态破坏事件的;

(三)生态环境质量出现明显下降的;

(四)评估要求整改,但未能有效完成的;

(五)在评估过程中存在弄虚作假行为的。

第二十四条　参与"两山"基地管理的工作人员和专家,在资料审核、现场核查、评估等工作中,必须坚持严谨、科学、务实、高效的工作作风,严格遵守中央八项规定及其实施细则精神,认真落实廉政责任和廉洁自律要求,自觉遵守相关工作程序和规范。

第六章　附　则

第二十五条　本规程自印发之日起施行,由生态环境部负责解释。

附:"两山指数"评估指标体系

"两山指数"是量化反映"两山"建设水平,表征区域生态环境资产状况、绿水青山向金山银山转化程度、保障程度,服务"两山"基地管理的综合性指数。"两山指数"作为"两山"基地后评估和动态管理的重要参考依据,主要包括构筑绿水青山、推动"两山"转化、建立长效机制三方面。"两山指数"用于引导"两山"基地明确建设目标、重点任务和建设方向,相关指标及指标目标值不作为"两山"基地遴选门槛。生态环境部另行发布"两山指数"评估技术导则,具体明确"两山指数"评估方法、指标权重、等级划分等,规范引导"两山"基地评估管理。

表1 "两山指数"评估指标

目标	任务	序号	指标	目标参考值
构筑绿水青山	环境质量	1	环境空气质量优良天数比例	>90%
		2	集中式饮用水水源水质达标率	100%
		3	地表水水质达到或优于Ⅲ类水的比例	>90%
		4	地下水水质达到或优于Ⅲ类水的比例	稳定提高
		5	受污染耕地安全利用率	>95%
		6	污染地块安全利用率	>95%
	生态状况	7	林草覆盖率	山区>60% 丘陵区>40% 平原区>18%
		8	物种丰富度	稳定提高
		9	生态保护红线面积	不减少
		10	单位国土面积生态系统生产总值	稳定提高
推动"两山"转化	民生福祉	11	居民人均生态产品产值占比	稳定提高
	生态经济	12	绿色有机农产品产值占农业总产值比重	稳定提高
		13	生态加工业产值占工业总产值比重	稳定提高
		14	生态旅游收入占服务业总产值比重	稳定提高
	生态补偿	15	生态补偿类收入占财政总收入比重	稳定提高
	生态效益	16	国际国内生态文化品牌	获得
		17	"两山"建设成效公众满意度	>95%
建立长效制度	制度创新	18	"两山"基地制度建设	建立实施
		19	生态产品市场化机制	建立实施
	资金保障	20	生态环保投入占GDP比重	>3%